少儿人工智能

适合
6—10岁
儿童

学习之旅

编程思维启蒙

李明 ● 编著

U0381684

中国电力出版社
CHINA ELECTRIC POWER PRESS

内 容 提 要

这是一段妙趣横生的学习之旅的起点，在这段旅程中你将会拥有一位可爱又机智的新朋友——AI 猫。他会陪你一起锻炼身体、跳舞、画画、背单词、算算术来学习新本领，通过这些课程和游戏你会了解到一些基本计算思维概念，这些都是你没有听说过的新事物，比如消息、循环、条件判定、变量、表达式、函数、静态列表、动态列表、文件、二分搜索等，在学习和运用这些新知识的过程中，你会渐渐发现，建立一种思维方式可以让复杂的问题变得更简单。快和 AI 猫一起开始这段旅程吧！

图书在版编目（CIP）数据

少儿人工智能学习之旅：编程思维启蒙 / 李明编著 . — 北京：中国电力出版社，2021.1

ISBN 978-7-5198-4816-3

Ⅰ．①少… Ⅱ．①李… Ⅲ．①程序设计—少儿读物 Ⅳ．① TP311.1-49

中国版本图书馆 CIP 数据核字（2020）第 134538 号

出版发行：中国电力出版社

地　　址：北京市东城区北京站西街 19 号（邮政编码 100005）

网　　址：http://www.cepp.sgcc.com.cn

责任编辑：刘　炽　何佳煜（484241246@qq.com）

责任校对：黄　蓓　朱丽芳

装帧设计：唯佳文化

责任印制：杨晓东

印　　刷：三河市航远印刷有限公司

版　　次：2021 年 1 月第一版

印　　次：2021 年 1 月北京第一次印刷

开　　本：710 毫米 ×1000 毫米　16 开本

印　　张：10

字　　数：143 千字

定　　价：59.00 元

前　言

自从 2007 年以来，我在美国加州举办了近 10 年的编程探索特色夏令营，在弗雷斯诺的大学附属高中担任编程课老师，并对幼儿园老师们进行 ScratchJr 的培训。2017 年夏天以来，我又针对中国的中小学生相继开设了多次线上课程，如《Scratch 零基础趣味编程》《Scratch 计算思维和人工智能应用》《Scratch 算法和人工智能》《从 Scratch 到 Python/C++》和《Python 算法和人工智能》。这些课程是我在青少年中进行编程和人工智能教育的有益尝试，获得了很多家长和学生的好评和认可。受此鼓舞，我很高兴有机会将这些课程的精髓以一种系统的方式和更多的读者分享。

作为一个拥有二十年大学教学经验的计算机科学系教授和十几年青少年编程启蒙的工作者，我认为人工智能教育要"归宗溯源，以人为本"。青少年人工智能教育应该注重逻辑思维、创新能力和执行力的培养和提升，而不应进行太多的职业阶段技能的培训。人工智能的教学应该和义务教育的总体精神相一致并有利于辅助提高学生多个学科的学习水平。

基于以上理念和实践，我设计了"编程思维启蒙篇"和"Scratch 编程篇"人工智能学习系列。此系列循序渐进，由浅入深，以人工智能应用为线索，逐步引入计算思维的基本概念和一些人工智能的基本相关算法。

关于本书

《少儿人工智能学习之旅：编程思维启蒙》是本系列的第一本书，适合 6 ~ 10 岁的小朋友进行启蒙阶段的学习。对于这个阶段的孩子来说，没有合适的学习入口是非常难以适应的。美国麻省理工学院（MIT）媒体实验室开发的 Scratch 将常用的程序过程进行分类，创建了多种积木，使得使用者可以采用拖拽积木的形式来快速地进行程序设计和实现。在低龄儿童中开始积木式的图形界面编程有利于孩子快速理解程序运行环境和执行的全过程。

本书在架构上采用目前 STEAM 教学当中流行的 PBL（项目式学习），即从实际应用出发，从问题本身的要求出发，通过自然的分析、讨论、引导、举例，引领同学们逐步在问题思考和编程训练中领会和实践计算思维。在内容的设计上我采用了同学们普遍喜爱的各种益智应用和游戏，并引入大量的基本计算思维概念，如消息、循环、条件判定、变量、表达式、函数、静态列表、动态列表、文件等。在此基础上加入了一些基本的算法思维，如二分搜索。在难度上，本书采用螺旋式上升的方式，提前介绍一些重要概念，然后在后面的应用中进行更加细节的讲述。

本书在编程的过程中适时引入了大量的编程知识。这些知识不但涵盖了计算思维中的核心概念和编程结构，还包括项目生态和流程图等对于提高编程素养至关重要的框架性内容，对加深同学们对编程认识具有关键作用。

本书从一开始就给读者建立一个基本的编程学习观念，那就是在实践中学习（Learn by Doing）。只有认真完成书中每一个具体的程序，才能深入领会和真正掌握书中讲解的各种方法和思想。

什么是计算思维？

计算机科学先驱狄克斯特拉（Edsger Wybe Dijkstra）曾经说，人类的思维方式受所使用工具的深刻影响。我们所处的时代是一个每天都和计算机以及各种智能设备直接交互的全新智能时代。我们的思维也要从以前的算术思维和方程思维升级演化到和智能时代相适应的新的思维——计算思维。

编程看起来是一个直接运用编程语言及其运行环境进行软件应用开发的一个工作，其核心却不是学习编程语言本身。事实上，所有的编程语言都有共同的概念和模块（如变量、条件判定、循环、函数）和解决问题的方法（如递归、分而治之、动态规划等）。所以，学习编程的根本在于熟悉和掌握核心的概念、思维和算法，即"计算思维"。计算思维首先对问题进行分析和抽象，定义变量列表等数据组织结构，然后以条件判定，循环迭代，或者递归来表达问题的解决方案，之后通过编程来进行方案的执行和评估优化。计算思维是一种普适思维方法和基本技能，所有人都应该积极学习并使用，而非仅限于计算机科学家。

什么是 Scratch 编程语言？

美国麻省理工媒体实验室在 2009 年推出了针对 8～16 岁的义务教育阶段青少年的编程学习软件——Scratch。Scratch 取名于调音师（CD）经常使用的撮碟操作，寓意这个软件能够让小朋友们将声音、动作、绘画、图片等按照一定的逻辑和计算融合在具体的场景之中。和很多启蒙编程系统一样，Scratch 采用积木拖拽式的编程方法，支持包括中文的几十种常用语言，模块设计明晰，非常有利于积木拼接。Scratch 提供在线和离线编辑器两种开发模式，支持各种操作系统和浏览器。

在进入第 1 章之前，请家长到网址 http://scratch.mit.edu/download 下载 Scratch 3.0 离线编辑器，也可以打开网页 https://scratch.mit.edu/projects/editor 直接使用在线编辑器。

Scratch 下载和安装

致谢

我于 2017 年开始在深圳青青莲子的在线平台上讲授在线编程课，在此非常感谢该公司 CEO 张淑萍女士的支持和助教姜泽宇先生的协助。我也想感谢过去三年里跟随我一起学习的同学和家长们，我为他们取得的成绩深感骄傲。最后，我也感谢家人对我在繁忙的科研教学行政工作之余创作本系列书的支持、鼓励和默默付出。

扫描书中二维码可观看案例视频讲解，源代码扫描下方二维码即可获得。

源代码下载

李　　明

目 录

我们好奇的 AI 猫已经在秘境前守了好久。听说很多年来许多好奇又勇敢的人们络绎不绝地来这里探险，但到底出口在哪里，至今也没有人知道。这究竟是一个怎样的秘境？ AI 猫希望尽快开始。但是它不确定自己的征途是否会充满危险。仔细思考后，它决定认真学习，加强训练，打好基本功，然后蓄势待发……

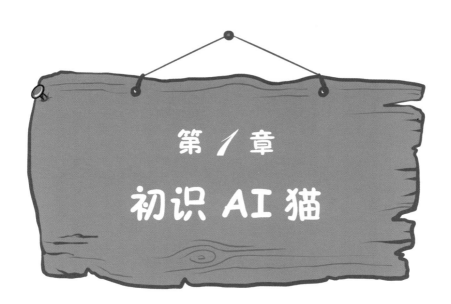

第 1 章

初识 AI 猫

1 AI 猫是何方人物？

快来认识一下我们本书的主角——AI 猫！猫不但友好，而且富有雄心。猫既温顺又敏捷，不能飞但是能够捉鸟，不能游泳却喜欢吃鱼。和我们小朋友们一样，我们的 AI 猫正是这样一个充满好奇心和冒险精神的小动物。虽然它现在并没有什么特殊的技艺和才能，但是它非常好学。我们将跟随我们的 AI 猫，踏上它的传奇旅程。这个旅程是一个 AI 猫自身不断学习、提高和升华的必由之路。它将从零基础开始学习编程、计算思维、算法和人工智能，并且能够灵活运用 Scratch 编程语言。更为重要的是，它将学会独立思考，充满活跃的想法，并且善于创造。

2 AI 猫造型

在 Scratch 中，我们的 AI 猫已经有它的照片了。为了在编程当中方便显示 AI 猫的各种动作，Scratch 的角色库已经有了 AI 猫的多种样子，如图 1.1 中的走路、奔跑、飞翔、跳跃、匍匐等。这些样子我们称为"造型"。

图 1.1　AI 猫的 Scratch 造型集锦

但是，更让人兴奋的是，你可以改变这些造型。让我们赶快来看一看怎么操作吧！

下载并安装好 Scratch 3.0 之后，请同学们打开 Scratch 3.0 的桌面版。你会发现，糟了，都是英文，怎么看懂呢？别着急，全世界的小朋友都在用 Scratch 呢！参照图 1.2，在左上角选择地球图标 （红色标注），然后下拉到最后选择"简体中文"（红色标注）。这样，你的 Scratch 界面就全部是中文啦！

Scratch 界面介绍

图 1.2　多语言界面

现在，我们的 AI 猫显示在右上区的区域里面的正中位置。点击左上角的"造型"按钮 🖌，你会看到画笔界面（见图 1.3）。

图 1.3　AI 猫基本造型界面

在这个造型界面，我们可以很容易地编辑 AI 猫原来的造型。在小猫造型的左侧是各种工具，依次分别为"选择 ▶""变形 ▶""画笔 🖌""橡皮擦 ◆""填充 ◢""文本 T""线段 ╱""圆 ○""矩形 □"。当你把鼠标轻轻放在每个工具上，就会浮出它的名字。在右下方，你可以看到缩小 Q、复原 ═、放大三个按钮。在左上方的 填充 是形状颜色填充，轮廓 是选择轮廓使用的颜色，点击它们会下拉出现一个颜色选择窗口（见图1.4），上面有三个颜色条。它们分别代表了颜色、饱和度和亮度。试着改变一下这三个数值，看看有什么变化吧。

注意最上面一排的第一个按钮 ，叫作"撤销按钮"。如果你一不小心弄错了，你可以点击这个按钮，你做错了的造型就会恢复到操作之前的样子啦。

好了，现在让我们来自己试一下吧！

点击 工具将小猫的肚子染成紫色，然后点击 T 工具在小猫的额头写上红色字"AI"。请使用 填充 来选择颜色。具体式样如图1.5所示。

Scratch 绘图工具

图 1.4　造型填充颜色设定

图 1.5　AI 猫造型修改效果

注意，你可以点击选择按钮，点击小猫的身体部位来选中区域。写完字后，你也可以点击 AI 文字来调整文字大小和挪动位置。

看到这里你一定非常兴奋，想让小猫动起来。让我们看看 AI 猫能做什么吧。

❸ AI 猫都会做什么？

现在，让我们离开造型区。请点击左上角的 ≋ 代码（见图 1.6），你会看到左边若干个不同颜色的圆形图标，这些图标我们叫它们"积木分类图标"。

最上面的一个 ● 是"运动"，点击"运动"，紧邻着它的右边的区域会显示一组"运动"类积木，包括移动、右转、左转、移到、滑行、面向等基本运动。这些将是 AI 猫体育锻炼的基础。

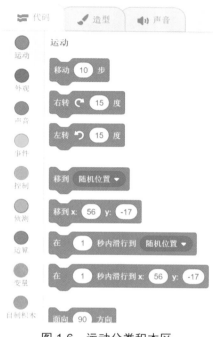

图 1.6　运动分类积木区

试一试

请同学们点击这些运动积木，看看会发生什么。和你想的一样吗？你可以想想积木里面的椭圆形白色的数字框里的数字代表什么，点进去看看能做些什么。

有没有发现我们可以修改里面的数字？对了，很多时候要多尝试，就会不断有新的发现。在编程的时候，希望同学们多动手、多思考，这样学习起来会很有乐趣呢！

这就是 Scratch 的巧妙之处。通过不同形状的积木，我们可以像搭乐高积木或者积木片一样把不同的动作连接起来。这些连接起来的积木组就是 Scratch 中的"代码"。

想一想

为什么积木的上面有个向下凹的缺口，而下面有个下凸？再点击其他的分类积木，如"事件""控制"等，仔细观察一下，这些积木形状有什么特点？

编程知识：代码（Code）

　　代码就是一个命令，就像我们平时完成某件事需要的一个具体步骤一样。但是这些命令不是人工来操作，而是交给计算机来完成的。为了方便小朋友们理解使用，Scratch 设计了很多的积木来代表一个个的命令。代码可以复杂，也可以简单。对于每个命令，我们可以通过点击对应的 Scratch 积木来观察它的效果。

试一试

　　试着用积木 移动 10 步 让 AI 猫移动 100 步，有哪两种办法？这两种方法的效果有什么不同？为什么会这样？

　　好啦，我们来看看怎么做。你可以采取以下两个方法让 AI 猫移动 100 步：

（1）点击 移动 100 步 1 次，这时候 AI 猫一次移动了 100 步。

（2）点击 移动 10 步 10 次，这时候 AI 猫分 10 次一步步移动到了 100步的位置。

　　你觉得哪个效果更加合理一些呢？

　　同学们想一想，AI 猫一次移动 100 步的话，猫就不会有一步步走路的动画效果，而且跳来跳去，飞来飞去，是不是？可是，如果你点击积木 10 次又觉得很麻烦，对不对？

　　那么，能不能让小猫自己走 10 步呢？

　　可以的！如果我们能让积木 移动 10 步 自己执行 10 次就行了。但是，怎么样让积木自己执行呢？请进行下一章学习。

编程知识：参数（Parameter）

　　参数是 Scratch 积木中可以修改的整数或者中英文字词。修改这些地方可以改变积木的效果。比如，移动 10 步 积木中移动的步数就是一个参数。你可以修改为 移动 100 步。在 Scratch 中，所有的积木参数都已经加了一个值，我们称为缺省值或者预设值，这是 Scratch 发明人已经帮我们预先设定好了。

同学们可能已经有些迫不及待，希望赶快开始我们的人工智能之旅了。但是，俗话说，学会走，才能跑。在后面的章节里面，同学们将会了解到，人工智能系统是由一行行的程序"代码"组成的。所以在正式开始学习人工智能之前，我们需要打好基础，比如：

- 怎么样在屏幕上移动和转弯？
- 如何自动绘制形状、播放声音？
- 如何控制复杂的动作和进行正确的判断？
- 如何处理字母字符和进行数字计算？
- 计算机解决一个问题的思路是什么？
- 如何设计一个完整的程序项目？

只有认真学习并掌握了这些内容，我们才能够大显身手，自如地进行人工智能项目的学习。所以，我们特意设计了有趣的小程序，让同学们和 AI 猫一起用 Scratch 进行体育锻炼以及艺术、英语和数学的学习，并且完成一个 AI 猫捉老鼠的项目，循序渐进地得到编程思维的启蒙。

当然，你绝对不会错过我们精彩的人工智能学习。在第 7 章，我们将使用项目设计的方法，运用我们在前面学习中掌握到的各种编程思路，实现一个 AI 猫迷宫找路的有趣程序。你会发现和体会到，人工智能学习的核心其实是计算思维。

好啦，我们正式的编程学习将在下一章拉开序幕，期待吧！

本章小结

Scratch 文件操作

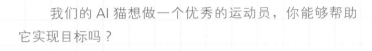
我们的 AI 猫想做一个优秀的运动员，你能够帮助
它实现目标吗？

第 *2* 章

AI 猫的体育锻炼

1 走来走去

要让积木开始执行，我们需要有个开始开关，就像跑步比赛的时候挥一下旗子，使得这个过程能够开始。请同学们点击屏幕左侧的事件分类按钮 ●。

你会看到最上面一个 当 ▶ 被点击 的积木。这个积木的形状和前面运动的积木不一样，上面有个弧形的拱起，但是下面和运动积木一样，有个下凸。

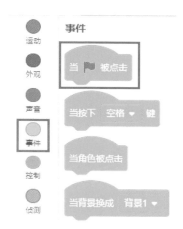

图 2.1　事件分类积木区

现在，请按下鼠标，拖动 当 ▶ 被点击 积木到右侧的空白处。这个空白处就是我们的代码区（见图 2.2）。在代码区右上角是小猫的角色造型，说明这个是 AI 猫的代码。如果以后有其他的角色，它们都会有自己单独的代码。

请同学们继续把积木 移动 10 步 拖到代码区。看看你能不能把 5 个移动 10 步的积木连接起来？

图 2.2　Scratch 屏幕的积木区、代码区和显示区

你有没有成功完成图 2.3 的积木呢？你会发现，积木可以完美地连接起来，而且当一个积木接近另外一个的时候，它们就会像磁铁一样彼此紧紧地吸在一起，真神奇啊！

现在，点击"显示区"顶上左侧的绿旗 ▶ 标志。你会发现小猫一次移动了 50 步。真棒！

为什么会这样？因为一旦开始，Scratch 会自动一条一条地来执行积木，就像你手动点击这些积木一样。我们的积木组里面有 5 条积木，每个移动 10 步，那么总共就是 50 步。完全正确！而且，你不需要不停地点鼠标。只需要点击一次绿旗  就行了。是不是感觉一下子轻松很多？这就是"程序"的魅力！

图 2.3   积木代码

编程知识：程序、触发和顺序执行（Program，Invocation，Sequential Execution）

　　程序是一组代码，也就是计算机能够运行的命令。程序需要被**触发**才能执行。程序一般是**顺序执行**的，即按照一个给定的顺序逐步运行每一个代码。在我们的例子里面，当 ▶ 被点击 加上 5 个 移动 10 步 连起来就是一个程序。程序的执行是被 当 ▶ 被点击 这个事件来触发的。5 个积木是按照顺序依次运行的。

　　可是，你有没有发现，小猫还是一次走了 50 步，并不是一步一步走 5 次的。为什么呢？

　　因为程序执行的时候不知疲倦，不会停顿。所以会一口气跑 5 次，看上去就像一次跑完似的。而你用手点的时候，除非很快，否则是没有办法做到不停顿的。那么怎么自动产生停顿呢？

　　现在，点击"事件"下面的"控制"积木分类按钮 ● （见图 2.4），然后拖动右侧积木列表的第一个积木 等待 1 秒 并连接在每个 移动 10 步 下面（除了最后一个）。好了，现在小猫是不是能够一步一步走动了？如果等待从 1 秒改成 0.4 秒会怎么样？

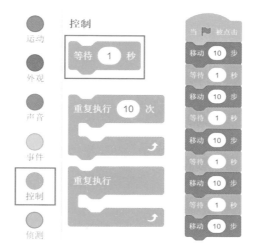

图 2.4 控制分类积木

编程知识：程序控制（Program Control）

程序控制是对代码进行修改来达到一个执行效果的方法。在我们的例子里，使用了 等待 1 秒 积木来减慢程序的执行，从而产生 AI 猫走路的效果。程序控制是我们编程学习的一个重点内容。在程序中重复一些积木，判断执行的条件，以及停止程序运行都是程序控制的具体例子。

试一试

现在，请你修改我们的积木让小猫每次还是走 10 步，但是要走 100 步。你发现了什么？

太麻烦了，对吗？你会有一个很长的不停重复的积木链。有没有办法不用重复？不然要移动 200 步，该如何是好？

首先，删除下面的积木，仅剩下一个 移动 10 步 和 等待 1 秒 积木组。你可以点击右键在要删除的积木上面，然后选择"删除"［见图 2.5（a）］。

然后，点击"控制"积木分类按钮［见图 2.5（b）］，然后拖动右侧积木列表的第二个"重复执行 10 次"并把它连在 当 ▶ 被点击 下面。

这个时候 移动 10 步 和 等待 1 秒 积木会自动进入它里面的空位当中。如果只有一个自动进入，你可以通过鼠标拖拽来调整积木的位置和顺序。最后结果就变成［见图2.5（c）］的样子。

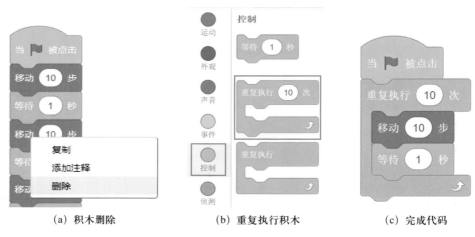

（a）积木删除　　　　　（b）重复执行积木　　　　　（c）完成代码

图2.5　积木的删除和嵌套

恭喜！你已经完成了一个编程的里程碑啦！让我们来总结一下：重复执行N次，就相当于把里面"嵌套"的所有积木依次执行N次。所以，下面两个程序是完全一样的。

编程知识：计数循环（Counting Loop）

计数循环是一种知道一组代码需要执行多少次的程序控制。当你修改积木中的参数时，积木组的重复运行次数就会改变。在图2.6的例子里面，内嵌在 重复执行 2 次 里面的两个积木被重复执行了2次。它相当于把左侧的四个顺序执行的积木块一次执行。计数循环是程序当中最常见的代码结构。应用计数循环，我们能够使用很短的代码自动完成非常多的执行次数。

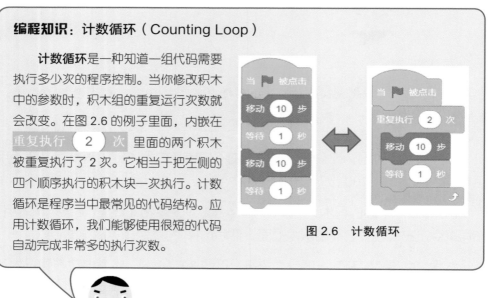

图2.6　计数循环

📽 **小测验 1**

请使用计数循环,让我们的 AI 猫向右旋转一圈。提示:需要中间有暂停,并且旋转一圈是 360 度。

② 跑步向前

同学们是不是发现了,AI 猫在走的时候,双脚并没有离地,是一种"移动"的感觉。能不能让我们的小猫真正地"走"或者"跑"起来呢?

现在,让我们点击造型区,你会发现里面有一个跑步的造型 2 [见图 2.7(a)]。重新点击代码,然后按下"外观"分类积木按钮 ●,再选择右侧下面的 下一个造型 积木 [见图 2.7(b)]。最后,将这个积木拖到 移动 10 步 下面 [见图 2.7(c)]。请点击绿旗,有没有发现,我们的 AI 猫现在跑起来了呢?

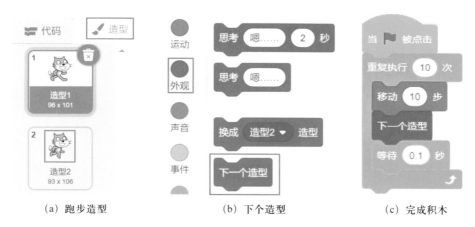

(a)跑步造型   (b)下个造型   (c)完成积木

图 2.7 造型区造型

以后需要动画效果的时候,你都可以使用 下一个造型 ,在不同的造型直接切换,产生动画的效果。如果你把自己做广播体操的每一个动作存成一个造型,也同样可以用积木演示。

AI 猫已经能够走路和跑步了，但是它很羡慕别的小动物的弹跳本领。我们现在就来帮它吧！

请来到屏幕的右下角 [见图 2.8（a）]，点击"添加新角色"按钮，然后点击"选择一个角色"按钮，然后选择蹦床 [见图 2.8（b）] 并在上面双击。这时候，显示区会出现蹦床这个新角色。现在，用鼠标拖动蹦床和小猫的位置，让小猫站在蹦床的上面 [见图 2.8（c）]。

小技巧：如果蹦床挡住了小猫的腿，把小猫移动后再放回来就好啦。

图 2.8　AI 猫跳蹦床造型准备

好了，让我们看看怎么实现蹦起来再落下的效果吧。

我们先选择屏幕左侧的"运动"分类积木按钮，然后向下寻找第12条运动积木 将y坐标增加 10 ［见图 2.9（a）］。这样小猫的位置将会向上升 10。类似的，将白框里面的"10"改成"-10"，小猫的位置将会向下降 10。然后在中间加上一个 等待 0.5 秒 积木，这样小猫就会上升 10，然后再下降 10 ［见图 2.9（b）］。最后，在控制中找到 重复执行 10 次 并把"10"改成"4"，这样小猫就会重复上升下降 4 次 ［见图 2.9（c）］。这样，小猫的蹦蹦跳跳就完成啦。

想一想

如果上面的程序没有
等待 0.5 秒 积木，小猫完全不动。为什么？

如果没有中间的等待停顿，AI 猫的上下瞬间就完成了，看上去就和没有动一样了。

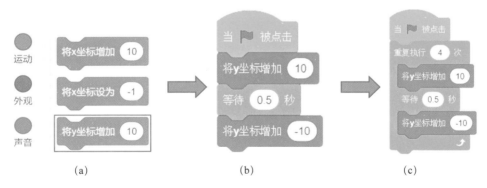

(a)　　　　　　　(b)　　　　　　　(c)

图 2.9　AI 猫跳蹦床程序代码

(a)　　　　　　　　　　　　　　　(b)

图 2.10　Scratch 坐标系

了解了坐标系，我们就知道小猫的精确位置啦，这会帮助我们更容易定位。

试一试

到"运动"类积木里面，往下数找到第五个积木 移到 x: (0) y: (0)，然后在里面填入分别代表 x 和 y 坐标的数字，然后鼠标点击一下积木，看看小猫会去屏幕的什么地方。

如果 x 大于 240 或者 y 大于 180，你会发现 AI 猫只露出一点点在边界，这样是方便你把它再拖回来。如果 AI 猫消失在屏幕上就不好找啦。

如果你想把 AI 猫固定在一个位置，移动 AI 猫，然后会发现积木 移到 x: (0) y: (0) 里面的 x 和 y 的数字会变化。这时候直接把积木拖到代码区里面。以后每次运行的时候 AI 猫就会始终在这个位置了。

小测验 2

修改前面的程序，让我们的 AI 猫在蹦床上面做往返跑 10 次，即跑到前面又马上返回。

4 寻找目标

我们的 AI 猫现在已经可以自动地连续走很多步啦。它有些轻飘飘了，不停地冲。可是，它有一些苦恼，就是总算不准需要重复多少次 移动 (10) 步 到达目的地。要么像图 2.11 中那样，走了 10 步无法到达目标，要么像图 2.12 里面那样，稍不注意，走了 30 步，结果越过目标撞到墙上，掉到屏幕外面了。

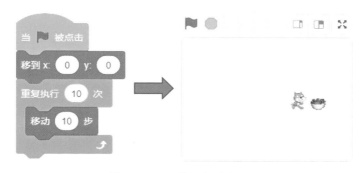

图 2.11　AI 猫没有到达目标

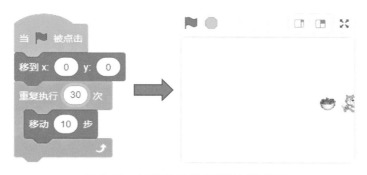

图 2.12　AI 猫越过目标到了屏幕外面

你可能觉得怎么会呢？薯条不是就在眼前吗？小朋友们记住，我们的小猫在走的时候，并没有用它的"眼睛"来观察，即没有相应的积木来看。这就好比一个司机开车的时候，经常已经到了目的地，但是由于没有留意，一下子就错过了。

怎么办？能不能帮助小猫呢？

小朋友在生活中经常可以看到，当路上有行人拿着手机边看边走的时候，他会不停地看看路，很少有人撞到其他人或者电线杆子。从这里我们可以学到什么方法呢？我们在设计程序时，也要不停地"看看路"，检查有没有发生什么新情况，然后根据当前情形决定下一步怎么做，这就叫作"判断"。

有没有一个办法让 AI 猫来判断呢？有！我们来看一看。

首先，点击 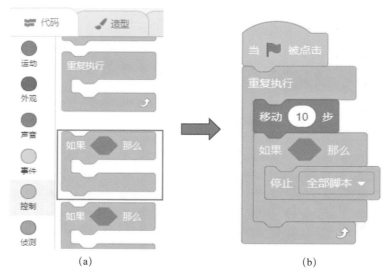，然后选中在顶上的 食物 分类找到并添加一个薯条角色"Cheesy Puffs"。把它移到 AI 猫的右边。

然后，点击左侧第五个分类积木"控制"（橙色圆圈），将控制类积木的 重复执行 积木拖过来，让 AI 猫不停移动。但每次移动 10 步后，小猫必须判断。把下面的 如果 那么 积木［见图 2.13（a），从上开始数第四个］拖过来，接在 移动 10 步 积木下面。然后下拉滚动条，把下面的一个 停止 全部脚本 ▼ 的积木拖到 如果 那么 里面［见图 2.13（b）］。

(a)   (b)

图 2.13　AI 猫判断目标积木

这样，如果 AI 猫找到食物，它就会停下来。

那么，怎么判断呢？让我们探索一下分类积木的"侦测"（ ● 按钮）吧。在最顶上有一个积木 碰到 鼠标指针 ▼ ? ［见图 2.14（a）］。点击里面的倒三角箭头，选择"Cheesy Puffs"，就是屏幕上的那一碗薯条。在将这个积木拖到 如果 ◇ 那么 里面的六边形 ◇ 里面 ［见图 2.14（b）］。现在，我们的 AI 猫就能顺利吃到食物啦 ［见图 2.14（c）］！

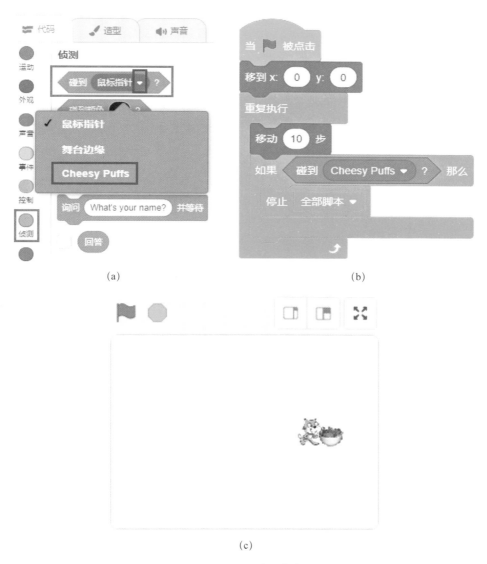

(a)

(b)

(c)

图 2.14　AI 猫吃薯条

编程知识：

分支结构（Branch）

如果 那么 **分支结构**是一种用来判断一种情形是否发生及执行其相应后果的程序结构。我们将"情形是否发生"称为**条件**。Scratch 中，分支结构通过积木来实现。在我们的例子里面，条件是"小猫碰到了薯条"，相应的"后果"是程序执行结束。如果条件没有发生，即小猫还没有遇到薯条，那么分支结构内的积木就不会执行，小猫将继续前进。

无限循环（Infinite Loop）

重复执行 **无限循环**是一种无条件反复执行某些积木的程序结构。因为程序可以重复任意次而不终止，也常被称为死循环。Scratch 中，无限循环通过积木来实现。使用无限循环的原因一般是不知道需要重复的具体次数。所以，无限循环内部必须使用分支结构来判断程序何时停止。在我们的例子里面，小猫一旦找到食物，程序将终止，无限循环将不起作用。

小测验 3

修改前面的程序，让我们的 AI 猫一直走到屏幕右侧停下，然后发一下声音（提示：请在"声音"分类积木里面寻找发声音积木）。

⑤ 本章小结

让我们来总结一下我们 AI 猫的体育锻炼学习吧。AI 猫完成了四个动作：

- 走来走去。
- 跑步向前。
- 蹦蹦跳跳。
- 寻找目标。

本章小结

在此过程中，它了解了以下编程知识：

- 程序。
- 触发。
- 顺序执行。
- 程序控制。
- 计数循环。
- 分支结构。
- 无限循环。

你是不是也掌握了这些呢？如果是的话，让我们一起期待下一章吧！

答 案

小测验 1   小测验 2   小测验 3

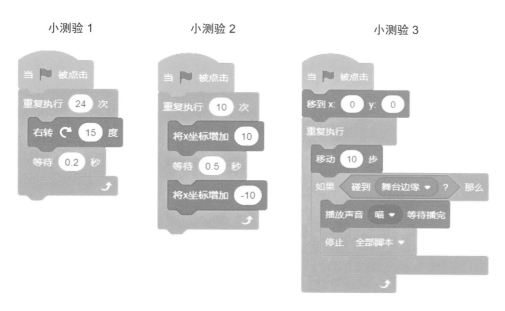

小测验讲解

AI 猫希望在艺术学习中进行熏陶，它能学会跳舞、播放音乐和绘画吗？

第 *3* 章

AI 猫的艺术学习

1 小猫跳舞

现在，让我们回到运动分类积木区，我们的小猫想表演跳舞啦。它需要准备些什么呢？

首先，它需要一个舞台。那么舞台在哪里呢？

如果你来到右下角（见图 3.1），会发现有一个竖着的细长条区域，上面写着舞台，下面写着背景。点击图标 ，然后选择一个背景，在背景库上方选择 音乐 ［见图 3.2（a）］，然后点击"Spotlight"，我们的背景就换过来了。然后用鼠标把 AI 猫拖动到舞台中央紧贴着三层表演台上面［见图 3.2（b）］。我们这个舞台有聚焦灯光和彩色的顶灯和地灯，小猫兴奋极了。

图 3.1　Scratch 舞台界面

(a)　　　　　　　　　　　　　　(b)

图 3.2　舞台背景设置

可是，AI 猫只会蹦蹦跳跳和跑步，但跳舞需要上下左右的运动。

在蹦蹦跳跳的时候，小猫学会了上下来回移动。你可不可以让它左右移动呢？

另外，你还记得 AI 猫跑的时候是怎么样让步子迈起来的吗？

是不是觉得思维有些乱？没关系，我们来给 AI 猫设计一个跳舞的动作，让它按照图 3.3 的步骤完成舞蹈动作。你能不能找到图 3.3 箭头右方对应的积木呢？

重复以下动作：

(1) 向前移动 10 步

(2) 稍微停顿 0.5 秒

(3) 抬腿

(4) 向后移动 10 步

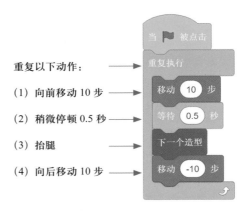

图 3.3　AI 猫跳舞的步骤和代码积木组

编程知识：程序流程（Program Flow）

程序流程是程序运行的具体步骤。当程序内容比较多的时候，我们可以不急于直接编写代码。我们首先通过对问题的分析来设计解决问题需要的具体步骤。然后代码积木可以根据我们的流程来一步步进行转换。在我们的例子中，流程步骤能够和具体的代码积木一一对应。这样如果流程正确，程序也会正确执行。

② 放音响

我们的舞台太棒了！AI 猫希望音响和灯光能够配合舞蹈。这个又是怎么实现呢？

让我们来到"声音"分类积木 ● [见图 3.4（a）]，点击第一个积木 播放声音 喵 ▼ 等待播完 ，听到小猫的叫声了吗？真有意思！

请同学们点击 喵 ▼ 右侧的倒三角形会出现一个下拉菜单 [见图 3.4（a）]。

里面有一个"喵"和"录制"。都不是我们想要的舞蹈音乐。怎么办呢？没关系。点击上方的 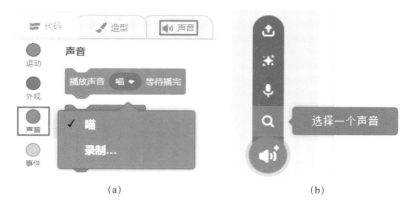 声音 按钮，在左下角点击 选择一个声音［见图3.4（b）］。

(a)   (b)

图3.4　Scratch声音播放和导入

在声音库里面，点击上面椭圆形的按钮 可循环 （见图3.5），然后将鼠标轻轻移到每个声音上面就能试听。

图3.5　选择一个声音界面

你可能有自己喜欢的音乐。让我们顺着声音名字的第一个字母，从A到Z找到"Dance Around"，点击这个声音。你会发现在声音区会添加一个新的声音［见图3.6（a）］，点击▶就可以播放这个声音。你可以实现快慢、回声、机械化、声音音量的常规处理。点击上面的修剪按钮 ✂ 可以对这个声音进行截取。这些功能，请同学们自己尝试和体验。

当然，如果你不小心把声音弄乱了或者想恢复，那就只需点击声音图标右上角的"X"删除这个声音，然后重复我们刚才的过程把这个声音重新导入即可。现在，再回到代码区。有没有发现我们导入的"Dance Around"声音已经在下拉菜单中了［见图 3.6（b）］。我们可以使用它啦。

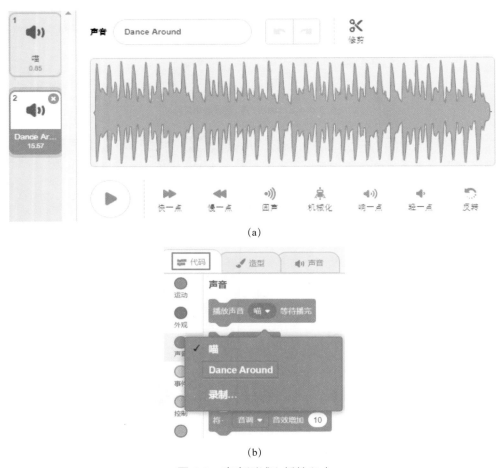

（a）

（b）

图 3.6　声音测试和播放积木

请在"事件"里选择积木 当 🚩 被点击 ，然后在声音里面选择 播放声音 喵 ▼ 等待播完 并将"喵"改成"Dance Around"。将这个积木拖到新的积木 当 🚩 被点击 下面。最后，在"控制"积木区选择 重复执行 并把播放声音包含在它里面。现在，我们完成了一个有两个积木组的代码程序（见图 3.7）。请点击绿旗，小猫跳舞和声音会同步进行。

太棒了！

想一想

在我们的程序代码中有两组积木，都是点击绿旗触发的。一个事件能够触发多少次执行？

图 3.7　AI 猫跳舞和音乐同步代码积木组

在 Scratch 中，我们其实可以用绿旗点击来同时触发很多不同的代码积木组的执行，也就是我们常常听说的"并行"。

编程知识：并行和线程（Concurrency and Thread）

并行是指一个程序中多组代码被计算机同时执行。在第 2 章中讲过的顺序执行中，积木按照先后排列顺序执行。在并行程序中，代码被放在独立的积木组内。每个积木组被称为线程。线程内的积木是按照顺序执行的，但是不同线程内的积木是可以同时执行的。在我们的例子中，音乐的循环播放和 AI 猫的重复跳舞是两个独立的积木组线程，所以执行是同时进行的，没有先后顺序。并行是一个重要的程序运行模式，除了用来完成一些协同性的工作（如歌舞同步），也常常被采用来提升任务完成的效率。

　小测验 1

试着写一个程序，让小猫倒着走 10 次，每次走 10 步，并且能够抬腿。

❸ 灯光效果

我们下一步就是给 AI 猫的舞蹈配上灯光效果。我们前面看到，一个绿旗点击可以触发多个积木组线程。这些线程可以是小猫的动作，可以是声音播放，也可以是灯光变幻，这样才能有视觉和听觉同步的超炫效果。那么灯光变幻怎么做呢？

让我们鼠标点击舞台背景区［见图3.8（a）］。你会发现舞台的代码区是空白。让我们先在"事件"类积木区拖动 `当 ▶ 被点击` 到代码区，然后在"外观"类积木区找到 `将 颜色 ▼ 特效增加 25` 并把它拖到积木 `当 ▶ 被点击` 下面［见图3.8（b）］。最后，在"控制"积木区选择 `重复执行` 并把 `将 颜色 ▼ 特效增加 25` 积木包含在它里面。这样，我们就完成了灯光特效的积木程序了［见图3.8（c）］。

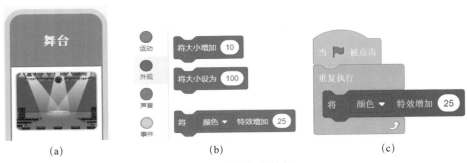

(a)　　　　　　　　(b)　　　　　　　　(c)

图 3.8　舞台的颜色特效

现在，点击绿旗，是不是觉得有一种超享受的试听盛宴的感觉呢？恭喜你！AI 猫在你的训练下已经被包装成了一个小明星啦！

> **编程知识：面向对象编程（Object Oriented Programming）**
>
> 面向对象编程是一种按照不同的实体来组织代码和信息的编程方法。在我们的例子中，AI 猫和舞台是两个不同的实体，即实际存在的物体。但是，它们有自己独立的代码区，可以完成不同的功能。面向对象编程是软件开发中的一个非常基础的程序构架。几乎所有的主流编程语言如 C++、Java、Python 都支持面向对象编程。Java 更是一种纯粹的面向对象编程语言。

看一看

　　请点击舞台的各个分类积木区，看看有哪些积木在 AI 猫的积木区存在，但是舞台积木区却没有。为什么？

小测验 2

　　修改小猫跳舞的程序，让小猫一边跳舞一边改变身上的颜色，就像是被不断变幻的顶灯照射着。

保存文件

　　点击"文件"菜单并选择"保存到电脑"，选择你的目录（或者桌面），把代码保存成名字为"AI 猫跳舞 .sb3"的程序文件。

④ 音乐演奏

　　我们的小猫爱上了美妙的舞蹈音乐，它想自己弹奏一些喜欢的曲目。这看起来是很困难的事情，不是吗？

试一试

　　请点击 AI 猫的"声音"分类积木区，看看有没有什么积木能够弹奏音乐？

　　很令人失望，对吗？怎么办呢？

　　首先我们给 AI 猫配上一个乐器。请点击右下角增加一个角色按钮，从角色库中选取一个乐器。具体办法是：在顶上的分类区点击选择 **音乐**，然后选择最后一个喇叭 Trumpet。然后把它移动到小猫的嘴边（见图 3.9）。我们的 AI 猫就可以准备吹奏乐曲啦。

图 3.9　AI 猫吹喇叭造型

在角色区点击 Trumpet ，在代码区加入一个 当 ▶ 被点击 事件积木。然后，在左侧点击分类积木"声音"，然后选择"播放声音 C Trumpet 等待播完"并拖拽到事件下面［见图 3.10（a）］。重复这个操作并把更多的"播放声音 C Trumpet 等待播完"加进来。然后点击每个积木的下拉按钮图标▼，并选择不同的声音［见图 3.10（b）］。现在点击绿旗，你会发现我们的 AI 猫可以吹喇叭啦。

图 3.10　AI 猫吹喇叭代码积木

保存文件

点击文件菜单，选择你的目录（或者桌面），把代码保存成名字为"AI 猫吹喇叭.sb3"的程序文件。

你可能想着去换一个乐器角色。可以的！首先，点击 Trumpet 喇叭图标右上角的"X"形标记，这样就只剩下一个 AI 猫角色了。然后，从角色库的音乐类角色中选取"Saxophone"萨克斯管。把管子移动到小猫的嘴巴边上，我们的 AI 猫就可以尝试新乐器啦。

想一想
AI 猫如果想换一个别的乐器，比如一个萨克斯管。有没有办法呢？

试一试

如果想让 AI 猫转个身子头朝左，应该怎么操作呢？提示：在运动类积木找到 面向 90 方向 和 将旋转方式设为 任意旋转 ▼ 。

其实要让 AI 猫朝左有两种办法。第一个办法是在运动类积木找到 面向 (90) 方向，然后点击 90 并用鼠标点击方向箭头 使它朝向左边 ［见图 3.11（a）］。另外一个办法是在右下角的角色区的 方向 90 点击"90" 并用鼠标点击方向箭头 使它朝向左边 ［见图 3.11（b）］。但是你会发现小猫倒立了。哈哈，在运动类积木找到 将旋转方式设为 任意旋转 ▼ ，选择 任意旋转 ▼ 并把它改成 左右翻转 ▼ ，再在这个积木上面鼠标点击一下（不用拖动到代码区）。现在小猫的表演姿势就完全正确了 ［见图 3.11（c）］。

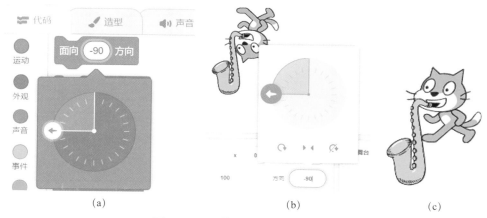

(a)   (b)   (c)

图 3.11　AI 猫吹萨克斯管造型设置

试一试

仿照前面喇叭的积木，做出来萨克斯管的弹奏 C-G 调的积木组（见图 3.12）。

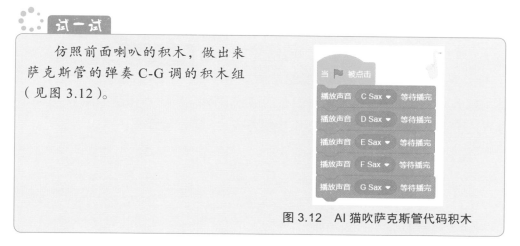

图 3.12　AI 猫吹萨克斯管代码积木

保存文件

点击文件菜单，选择你的目录（或者桌面），把代码保存成名字为"AI 猫吹萨克斯管 .sb3"的程序文件。

可是 AI 猫听说小朋友们都在弹琴，要是想尝试一下电子琴怎么办？这样我们就需要把电子琴从音乐角色库里面加进来。这样是不是很麻烦呢？

不要急，让我们把视线移到左下角，有一个 🎵 的图标。如果你还没有注意到这个，点击一下看看。你会发现什么有趣的内容呢？

第一个就是"音乐"！有没有很欣喜若狂的感觉？你导入了一个宝库。现在点击它，你会发现一个新的积木区"音乐" 🎵 被增加到了分类积木区。这个正是我们 AI 猫要使用的强大工具！

编程知识：代码库（Code Library）

代码库是已经开发好了的代码模块。它可以让你方便地完成一些任务而不需要自己从头编程。在我们的例子中，Scratch 有一个扩展代码库，其中的音乐演奏功能有七个模块积木供同学们使用。你并不需要知道这些功能是如何完成的。代码库大大减轻了编程用户和开发人员的工作负担。因此，所有的编程语言如 C++、Java、Python 都提供了大量的专业代码库。

现在，点击音乐分类积木区，找到  积木并选择"（1）钢琴"［见图 3.13（a）］。再找到它上面的 🎵 演奏音符 60 0.25 拍 积木。当你点在 60 上面的时候，有趣的事情发生了。一个钢琴键盘出来啦［见图 3.13（b）］。当你点击每个黑键或者白键的时候，上方会自动显示音符的字母和对应的数字。现在，请按照以下步骤完成我们的钢琴弹奏：

（1）添加一个绿旗点击事件。

（2）将乐器设为钢琴。

（3）演奏 C 音符 0.25 拍。

（4）演奏 D 音符 0.25 拍。

（5）演奏 E 音符 0.25 拍。

（6）演奏 F 音符 0.25 拍。

（7）演奏 G 音符 0.25 拍。

现在，你应该完成了一个钢琴弹奏的积木组啦［见图3.13（c）］。

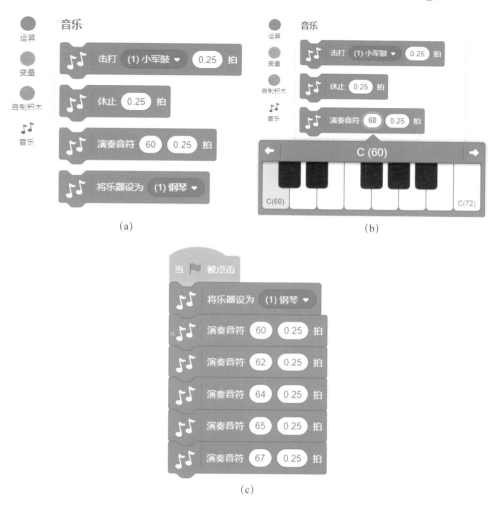

图 3.13　AI 猫弹钢琴代码积木

小技巧

上面的代码积木中，你会发现后面五个积木几乎是一样的，只是数字有变化而已。一个一个拖过来有些麻烦。怎么办呢？现在把鼠标移动到 演奏音符 60 0.25 拍 积木上面，点击鼠标右键［见图 3.14（a）］，这时候一个菜单弹出。选择"复制"，这时会跳出一个一模一样的积木"粘"在鼠标上。拖动这个积木把它加到原来的积木下面［见图 3.14（b）］，你就可以修改里面的音符了。重复这个过程，很快就能完成了。另外，请注意如果你在两个积木的上面一个点击复制，你会复制下面整个积木组［见图3.14（c）］。这样你编程的速度就更快啦。

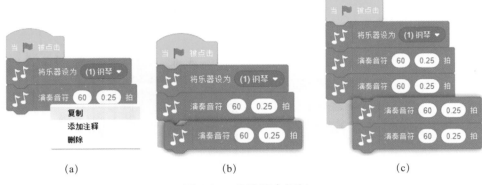

（a）   （b）   （c）

图 3.14 多块积木复制

📇 保存文件

  点击文件菜单，选择你的目录（或者桌面），把代码保存成名字为"AI 猫弹钢琴 .sb3"的程序文件。

⑤ 形状绘制

  绘画也是 AI 猫喜爱的学习之一。它希望从头开始，但是先学习什么呢？就先试试形状吧。但是在所有的分类积木中，我们并没有找到绘图的积木。难道 Scratch 连个彩笔功能都没有吗？咦，有些小朋友可能会想起来了，看一看能不能像音乐一样从扩展代码库里面导入？

试一试

  从屏幕左下角的扩展代码库中找到"画笔"分类积木，然后把它导入程序。

  这个画笔积木组并不复杂，有擦除、落笔、抬笔、设置颜色和画笔粗细。没有直接画形状的。有点不好玩，对吗？俗话说，授人以鱼不如授人以渔，我们的 AI 猫不在乎，它要自己拿笔去画。那我们就帮助它吧，没准它在绘画方面很有天赋呢!

让我们先画一个直线吧。如果你拿着一个笔,会按照什么步骤来画一根线呢?想一想,不要以为很简单。让我们一起来看看画一根线的步骤吧:

(1)落笔。

(2)移动笔向前。

(3)画到目的地。

(4)抬笔。

哇,你是不是从来没有想过,画一根线原来需要四步!对你来说很自然的事情,对于计算机来说却是一个如此"复杂"的过程。

编程知识:原子操作(Atomic Action)

原子操作是指一个没有办法分解成更多步骤的代码命令,也称为基本指令。计算机在程序运行的过程中执行的就是基本指令。即使一些看上去很简单的操作,对于计算机来说也是复合指令。复合指令需要分解为基本指令才能一个个交给计算机来执行。在我们的例子里,画一根线其实是一个复合指令,需要由四个基本指令来完成。在以后的学习当中,同学们应该认真思考操作的细节,思考其中的基本指令,把它们转化为流程步骤,然后编写代码。

试一试

基于前面的四步法完成画线的积木程序,请自己完成图 3.15 的积木和效果。

图 3.15 AI 猫画线

画完线后，AI 猫迫不及待地要画一个正方形。那么画正方形的基础指令步骤是哪些呢？我们想想如果你绕着一个边长 100 米的正方形广场走一圈是怎么走的。是不是走 100 米然后不停地转（左转或者右转）。这样四次以后，就会到达原点。一个正方形就走好了。

让我们整理一下步骤。图 3.16 是分解步骤和对应的循环步骤。

(1) 沿着边上走 100 米；
(2) 右拐；
(3) 沿着边上走 100 米；
(4) 右拐；
(5) 沿着边上走 100 米；
(6) 右拐；
(7) 沿着边上走 100 米

重复四次：
    沿着边上走 100 米；
    右拐；
结束

图 3.16 AI 猫画正方形流程步骤

现在，一个小猫画正方形就完成啦（见图 3.17）。这可是我们的 AI 猫自己完成的呢。

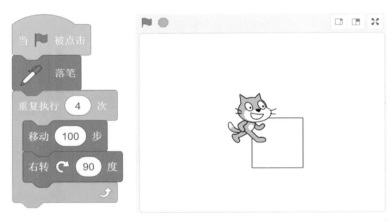

图 3.17 AI 猫画正方形流程步骤

如果你的小猫是倒过来的，可以在"动作"分类积木区里面找到 将旋转方式设为 左右翻转 ，然后选择"左右翻转"，点击一下积木就可以了。

保存文件

点击文件菜单，选择你的目录（或者桌面），把代码保存成名字为"AI 猫画正方形 .sb3"的程序文件。

小测验 3

前面的程序里面,小猫在正方形的"左上角"。请修改程序,让 AI 猫在正方形的"左下角"。

如果你仔细思考,其实走一个三角形,五边形,六边形,八边形都是类似的步骤:走——转——走——转……这样交替进行的,唯一的区别是不同的形状"走的次数和转的角度"不一样。想一想如果是一个等边三角形(三个边一样长),你该转多少度呢?

让我们在纸上画一下,有没有发现要是画三角形的话,你要转得多一点。如果有个圆规量一下的话,这个角度应该正好是 120°(见图 3.18)!为什么呢?要想转到原来出发的地方,必须总共转一圈也就是 360°。那么转三次,每次一样,总共需要 120° + 120° + 120° = 360°,对吗?

图 3.18　走等边三角形角度与旋转角度

试一试

根据我们刚刚的讨论,修改 AI 猫画正方形的程序中的重复次数和角度,画一个三角形。请把你的程序和图 3.19 中的积木和效果进行对照。

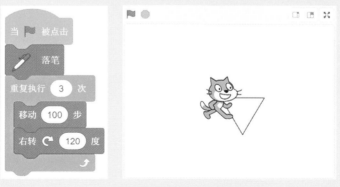

图 3.19　AI 猫画三角形

现在我们的 AI 猫可以画任何的多边形了。我们给大家总结了下面的表格，里面是每个多边形程序中的重复次数和角度的对照。

形状	积木中重复次数	积木中旋转角度	总旋转度数
△	3	120°	360°
▭	4	90°	360°
⬠	5	72°	360°
⬡	6	60°	360°
⯃	8	45°	360°
◯	12	30°	360°

我们的 AI 猫非常满足，但是它兴趣越来越大，它一直梦想着画一个完美的圆。从上面的表格里面，AI 猫发现了一个现象：如果边越来越多，就越来越像一个圆了。那圆究竟有多少个边呢？

你可能会说，圆的边界是曲线，怎么可能用直线画呢？这个想法是对的。但是，当边很多的时候，这个多边形看上去已经和圆没有区别了。

 试一试

基于前面的表格和画三角形程序，请画一个 360 边形。

360 个边，那就是走 360 次，每次转多少度呢？总共 360°，那当然每次转 1° 了对不对？但是每次移动多少步呢？如果是 100 步的话，你的圆会很大很大的。让我们改成 2 步。

如果你不注意的话，你会发现你的程序会出现一些问题。图 3.20 是 AI 猫自己做的一个程序，屏幕上面显示有些不对劲。我们看看积木什么地方有问题。如果你火眼金睛，会发现两个地方不对：

（1）圆没有画完整；
（2）AI 猫左侧和右侧的圆的弧线位置没有对准。如果你把小猫移走，会发现这个圆接不起来。

糟糕，讨厌的臭虫出现了！

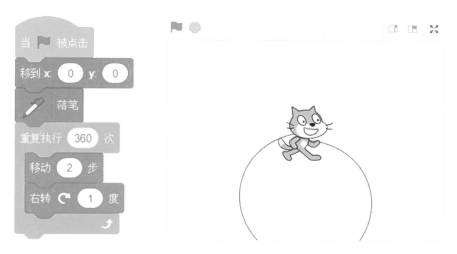

图 3.20　AI 猫画圆臭虫代码 1

编程知识：抓臭虫（Debugging）

　　抓臭虫也称为代码调试。很多时候，程序的思路是正确的，但是在具体的细节上有一些地方和预想的不一样。这种逻辑细节错误被称为臭虫（Bug）。抓臭虫的过程就是通过验证程序执行结果和正确结果之间的区别来寻找这些错误并把它们改过来。在我们的例子中，AI 猫只画了一部分圆在屏幕里面。我们需要修改程序的某个积木来让整个圆画出来，并且两边的弧线对准。

现在我们来抓臭虫了！

如果我们把小猫的位置向上移一下，比如 y 移到 100 的位置，试试看？

有趣的事情发生了。新画的圆（见图 3.21）两边能够接起来了，但是有两个问题：

（1）以前的圆还在屏幕上显示，我们希望把它擦掉；

（2）当小猫从以前 y=0 的地方移到 y=100 的时候，一条线被画了出来。

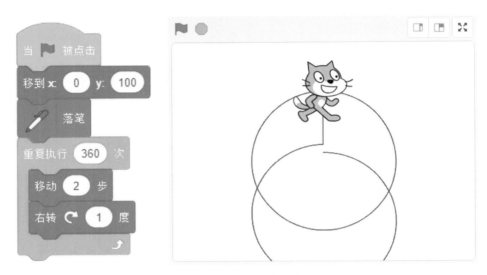

图 3.21　AI 猫画圆臭虫代码 2

怎么改掉呢？让我们想一想：

（1）每次重新画的时候，应该有个积木把屏幕清空，对不对？请在画笔找一下这个积木。

（2）移动时划线是因为画笔没有抬起来，对不对？请在画笔找一下这个积木。

如果你找到的话，就可以把这个程序改成图 3.22。

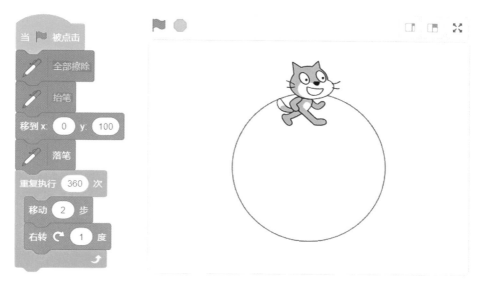

图 3.22　AI 猫画圆的正确程序

这样，我们的臭虫就都被抓走啦。

保存文件

点击文件菜单，选择你的目录（或者桌面），把代码保存成名字为 "AI 猫画圆 .sb3" 的程序文件。

6 本章小结

好了，让我们来总结一下我们 AI 猫的艺术学习吧。AI 猫学到了 5 项才艺：

- 跳舞。
- 放音响。
- 灯光效果。
- 音乐弹奏。
- 形状绘制。

本章小结

在此过程中，它了解了以下编程知识：

- 程序流程。
- 并行和线程。

- 面向对象编程。
- 代码库。
- 原子操作。
- 抓臭虫。

你是不是也掌握了这些呢？如果是的话，让我们一起期待下一章吧。

答　　案

小测验 1　　　　　　　　　　小测验 2　　　　　　　　　　小测验 3

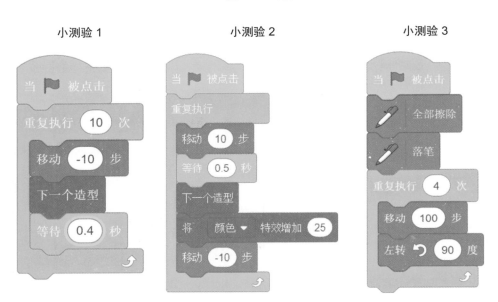

小测验讲解

AI 猫想开始学习英语，看看它能够有什么样的出色表现。

第 1 章

AI 猫学英语

学习英语，第一件事是要认识英文字母。那么怎么样能够让 AI 猫了解并记忆英文字母呢？

如果你来到右下角从角色库里选择一个角色，在最上面选择 字母 ，你会看到很多的字母角色造型。再往下滚动屏幕，你会看到其实有三组不同字体的字母：Block，Glow，Story。先选择 Block–A 这个造型，并把它移到屏幕左上角（见图 4.1）。

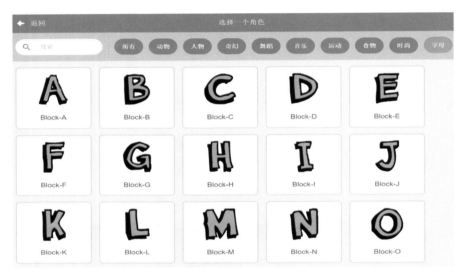

图 4.1　选择字母造型

你可能想，重复刚才的步骤，把 26 个字母都添加进来就好了。可是，会不会觉得屏幕很乱？而且，26 个角色怎么让它们逐个显示 A、B、C、D……好像很麻烦啊。

那么，能不能把 26 个造型加到一个角色下面，这样只要切换到下个造型就可以了。虽然加入 26 个造型有些花时间，但是为了我们的效果，还是耐心添加一下吧。而且，习惯了你会发现自己越来越熟练了。让我们从小就养成注重细节的好习惯！

现在，请完成图 4.2 中的积木代码。都是你熟悉的积木，对吗？因为有 26 个字母，所以我们循环 26 次就把所有的造型都显示一遍了。我们的 AI 猫在很努力地辨认记忆这些字母。

图 4.2　积木代码

可是，AI 猫还不会说。让我们试着发一下音，但是声音分类积木里面没有啊。有的同学可能会想，我可以点击顶上的声音按钮 ◀)) 声音 ，然后再左下角选择录音按钮 ⬇ 来录制这些字母的发音，最后一个个播放即可。

这个想法很棒！但是我们需要录音 26 次。需要考虑录音质量等问题，有些麻烦。有没有更简便的办法呢？

有些同学可能想起来了，有没有像音乐和画笔那样的代码库可以使用呢？我们来看一看吧。

试一试

请点击代码界面左下角的代码块导入按钮 ⊞ ，找到"文字朗读" 💬 的代码库，然后把它加入到代码分类积木中。

现在，一切都变得很方便了。因为你在里面发现了一个 💬 朗读 hello 积木。把它加入到代码里面的第一个，你就可以清楚地听到一个浑厚的男中音。现在找到 💬 使用 中音 ▼ 嗓音 ，把"中音"改成"小猫"，你就可以听到 AI 猫可爱的 hello 声了。不过，你在 💬 将朗读语言设置为 English ▼ 里面还无法找到中文选项，可能以后会加入。你会遇到更多惊喜！

那么，你一定会好奇，这么神奇的积木是怎么实现的呢？有些同学一定脱口而出：人工智能！是的，文字朗读是一个简易的人工智能代码库。

虽然我们的程序可以不停地显示不同的英文字母，可是怎样能够每次发出不同的声音呢？如果你把朗读加进来（见图 4.3），那么会听到每次都是"Hello"的声音。这个可怎么解决呢？

　　看来，仅仅通过"造型"还不够。造型只是告诉你每个字母的样子，并不能把对应的"字母字符"提供给"朗读"积木。这就好比每个同学都有一张自己的照片在学生证上面，照片旁边一定要写上你的名字别人才能够知道你是谁。只不过在我们的例子里面，字母的造型就是字母字符本身而已。

图 4.3　积木代码

　　同学们可能已经注意到了，在 Scratch 中，所有的积木里面的参数都是需要特定的"数据"才能够执行的。这些我们称为"单个"数据。

那么现在我们需要多少数据呢？这个取决于我们要朗读的字母，对吗？26个，你答对了！

但是，这些数据之间不是零散的，而是有顺序的。

如果你点击造型区，你会发现每个造型的左上角都有一个数字（见图4.4），从1开始依次增加到26。这个数字我们称为"造型编号"。这个编号告诉我们每个字母造型在造型区的位置。

能不能也有一个类似于造型编号的能够存放26个字母字符的东西可以使用呢？如果有的话，我们只需要知道A到Z每个字符对应的一个编号，然后通过这个编号，我们就能够找到任何一个字母的造型编号。

图4.4　字母造型

得到造型编号，我们就可以很方便地显示所有的字母啦。

试一试

请在"变量"分类积木找到 建立一个列表 ［见图4.5（a）］，并命名为"字母表"。然后点击屏幕上字母表左下角的"+"按钮，然后键入A~Z的26个字母字符［见图4.5（b）］。仔细比较每个字符的编号和造型的编号。

你会发现，编号完全一致！问题解决啦!

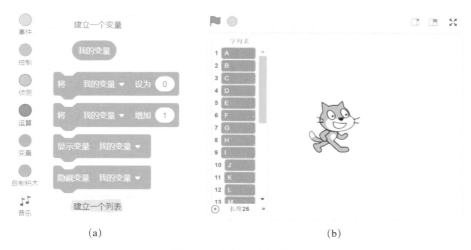

(a)   (b)

图4.5　字母列表设置

好了，现在让我们整理一下思路，想想怎么完成我们的字母表朗读程序吧。

为了更好地想清楚使用哪些积木，我们先写一个如下流程：

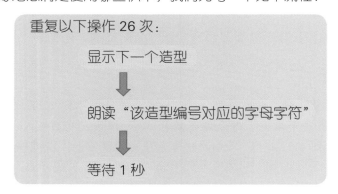

对我们来说，最主要的是找到造型编号。那么在哪里找呢？如果你点击"外观"分类积木区［见图 4.6（a）］，向下滚动屏幕，在最后你会找到一个 造型 编号 ▼ 积木。这个积木的形状和朗读积木的参数的空白形状一样，说明是一个数据值。另外，把这个编号积木左边的小方框点一下选中，你还可以看到当前的编号值呢。

但是记住，我们不是朗读编号，我们是朗读编号对应的字母字符！那么这个字符在哪里找呢？

字母表！对吗？这就是我们需要字母表的原因。好了，到"变量"分类积木区［见图 4.6（b）］，找到 字母表 ▼ 的第 1 项 积木。注意到这个 1 是可以改变的。你可以把"造型编号"积木拖进去。同样的道理，你可以把 字母表 ▼ 的第 1 项 积木拖入 朗读 hello 积木中。

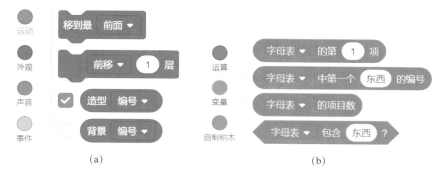

(a)   (b)

图 4.6　造型编号和字母列表项积木

好了，你应该已经明白了。那么请完成如下的完整积木程序（见图 4.7）吧。

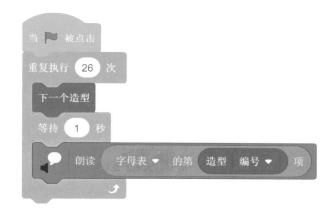

图 4.7　AI 猫字母表代码积木

编程知识：参数嵌套（Nested Function）

　　参数嵌套是指一个代码积木的参数是另外一个积木。为什么需要参数嵌套呢？因为我们不能直接知道一个积木的参数是什么，但是我们知道一个另外的积木可以提供我们这个值。通过积木嵌套，我们可以自动地把一个变化的值作为参数交给另外的一个积木。积木嵌套可以是两层，也可以是三层、四层。在我们的例子里面，我们有三层嵌套，即造型编号 → 字母字符 → 朗读。

有些同学已经很激动于积木嵌套了。那么哪些积木可以相互嵌套呢?
Scratch 使用形状来帮助大家辨认。下面的表格帮助同学们总结一下 Scratch
里面的积木形状、类型和可以嵌套的其他积木。

请记住,能不能嵌套和连接完全可以根据形状来判断。这样你就可以大胆
做各种尝试啦!

编号	形状	类型	可嵌套积木编号	可之前连接积木编号
1	x坐标	数值	无	无
2	+	数值运算	1	无
3	= 50	条件判断	1, 2	无
4	当▶被点击	事件发生	无	无
5	显示	任务执行	无	4
6	移动 10 步	任务执行 (带参数)	1, 2	4, 5
7	如果 那么	分支结构	3, 5, 6	4, 5, 6
8	重复执行 10 次	循环结构	1, 2, 5, 6, 7	4, 5, 6, 7

现在把字母表拖到屏幕右边(见图4.8),如果你选中造型编号积木左边的
方框,你就可以看到每个字母对应的编号了。无论你从什么字母造型开始运行

程序，我们都能够看到正确的造型编号，朗读的字母也是正确的。

图 4.8　AI 猫读字母屏幕显示

编程知识：程序执行跟踪（Code Tracing）

　　程序执行跟踪是指在程序执行的过程中跟踪观察一个变化的数值。通过数值跟踪，我们可以方便地确认执行过程中是否出现错误。在我们的例子中，我们可以观察每个字母造型对应的编号数字来看看是否执行正确。如果在字母列表里面我们不小心输错了字母字符或者没有按照顺序输入，就会出现朗读的字母和显示的字母不一致的情况。这个时候，你就可以检查字母列表中和当前编号对应的字母字符是否一致。程序执行跟踪是程序调试时常常采用的一种最为基本和有效的方法。

 **保存文件**

　　点击文件菜单，选择你的目录（或者桌面），把代码保存成名字为"AI 猫字母表 .sb3"的程序文件。

② 单词记忆

学完了 26 个英文字母，我们的 AI 猫想学习一些简单的单词。从哪些词开始呢？

大家也许听过 Sight Words 这个词，中文翻译过来叫作"视觉词"，通常也称为"高频视觉词"，也就是出现频率特别高的英文单词。下面给上 10 个常见的视觉词：

the　　one　　to　　and　　my　　me　　a　　big　　come　　you

现在，我们把这些词念给 AI 猫，然后把它存在它的一个小本子里面。那么"小本子"在程序里面怎么实现呢？什么办法能够让我们保存一组信息呢？

列表！你如果领会我们前面的学习的话一定会脱口而出，对吗？我们可以创建一个单词列表，把这些视觉词一个个加进去。

和以前一样，整理一下思路，我们列一下这个程序的流程：

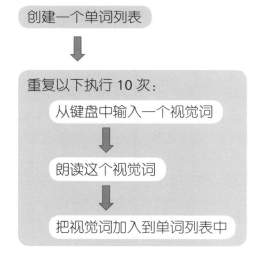

让我们开始一个新建项目。然后在"变量"分类积木区找到 <建立一个列表> 积木。点击这个积木并命名列表为"单词列表"。一个空列表就完成啦。

那么如何从键盘中输入视觉词到 Scratch 里面呢？

在"侦测"分类积木区找到 询问 你叫什么名字？ 并等待 积木并选中下面的 回答 积木左边的小方框。点击 询问 你叫什么名字？ 并等待 ，看看发生了什么。

在屏幕中出现了一个输入框（见图 4.9），而且有一个竖线在框里闪动，这是提醒你在这里从键盘输入。当你输入后，上方的 回答 ⬭ 会变成 回答 [Hello] 。读入成功啦！

图 4.9　Scratch 键盘询问演示

编程知识：输入和输出（Input/Output）

　　输入输出是计算机程序中最基本的部分。一个程序无论简单或者复杂，一般都有输入和输出两个部分。输入是指计算机程序需要接收的信息，可以是从键盘读入，也可以是任何其他来源的信息，比如鼠标和摄像头这种设备或者一个已经输入好的静态列表（如字母表）。输出是计算机程序对输入信息进行加工后产生的结果，可以是在屏幕上的动作、播放的声音或者文件。在 Scratch 中，输入输出一类积木大部分都在"侦测"分类积木里面。

下一步就是把回答的内容加到单词列表中就行了。这个积木在哪里呢？

　　在"变量"分类积木区找到 将 东西 加入 单词列表 ▼ 积木。把它拖到代码区，将侦测里面的"回答"积木嵌套到"东西"的白框中。然后点击 将 回答 加入 单词列表 ▼ 积木，看看发生了什么。

你应该能够看到刚才输入的"Hello"已经成为列表的第一项了，对吗？随着更多的单词不断输入，我们的单词列表会不停地变化。

现在，请你完成我们的完整程序（见图 4.10）。如果你的程序正确，你会看到所有的 10 个单词都已经被记录在列表中了。注意到 删除 单词列表 ▼ 的全部项目 积木是为了把刚才的 Hello 清除掉。

编程知识：动态列表（Dynamic List）

动态列表是最常见的一种列表形式。在静态列表里面，每一项的内容永远没有变化。但是动态列表的内容会随着程序的执行不停地变化。在第一节里面，我们的字母列表就是一个静态列表。而在刚刚的例子里面，我们的列表开始是空的，随着我们不断输入新的视觉词，列表中的内容不断增加，所以是"动态"的。

图 4.10　AI 猫背单词代码积木

保存文件

点击文件菜单，选择你的目录（或者桌面），把代码保存成名字为"AI 猫背单词 .sb3"的程序文件。

小测验 1

试着写一个程序，从键盘上读入一个整数 *N*，然后让小猫朗读 *N* 次 Hello。

3 单词测试

是时候检验 AI 猫的学习成果了。我们准备给它做一个测试，我们从键盘输入一个单词，朗读一下，然后让小猫在屏幕上显示是哪个单词。听上去不复杂，我们开始吧。

为了简便起见，我们想重复使用我们前面的视觉词列表。这样可以节省一些时间。而且，有些积木看上去应该也是可以重复使用的。怎么办呢？

（1）来到屏幕上方的"文件"菜单［见图 4.11（a）］，点击选中"从电脑中上传"。

（2）在你的 Scratch 文件目录里面选择"AI 猫背单词 .sb3"［见图 4.11（b）］。

（3）点击窗口下方的"打开"按钮，以前的程序就被载入 Scratch 了。

（4）到文件菜单，选择"保存到电脑"，在下方的输入框里键入"AI 猫单词测试"并点击窗口下方的"Save"按钮。

现在，打开文件夹，你会发现一个新的程序被保存在电脑里面了［见图 4.11（c）］。

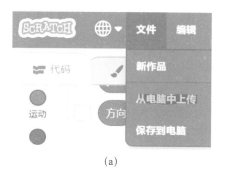

（a）

（b）　　　　　　　　　　　　　　　　（c）

图 4.11　Scratch 文件复制

现在我们需要清理一些积木，也就是说不需要的积木要删除掉。和复制一样，我们必须用鼠标把需要删除积木下面的积木组移开［见图4.12（a）］。然后在待删除的积木上面用鼠标点击右键。这时候会弹出一个窗口，选择删除即可清除这个积木。

对很多同学来说，使用右键不太方便。让我们试一试其他的方法吧。鼠标点击待删除积木并把它拖向左侧的"积木区"［见图4.12（b）］，然后松开鼠标。这个积木就消失啦。注意，只要待删除积木的左端进入"积木区"就可以了，不用把整个积木都放进去。

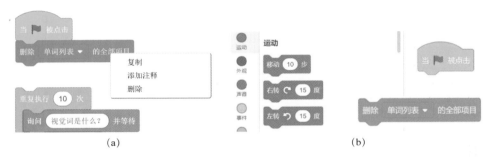

(a)   (b)

图4.12　Scratch积木删除方法

编程知识：代码重用（Code Reuse）

　　代码重用是指重复使用以前完成的代码来完成新的程序。如果以前的代码程序包含和要完成任务有很多相似甚至重复的内容，代码重用可以节省大量的重复性工作，比如绘制和导入角色、创建静态列表和代码积木的搭建。在我们的例子里，不但单词列表可以重复利用，很多积木比如键盘输入和朗读都可以进行简单的修改来快速完成新的程序任务。

　　利用刚才讲的删除积木技巧，修改图4.10的程序为图4.13的代码。

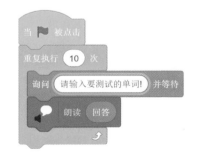

图4.13　朗读单词代码积木

现在还需要什么呢？我们的 AI 猫需要把单词拼写出来，对吗？它已经记住了这个单词了。在哪里呢？在我们的单词列表里面。

发现了吗，我们的单词列表在以前的程序里面是"动态列表"，是不停变化的。但是在重用的程序里面，它是"静态列表"，是不变的！

和以前一样，整理一下思路，我们列一下这个程序的流程：

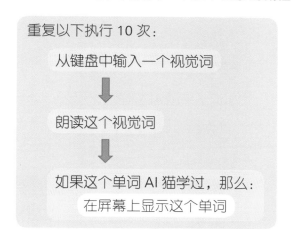

对于我们来说，只要把上面的那个"如果……，那么……"部分完成就可以了。怎么知道小猫会不会这个单词呢？它需要找一下！

在"变量"积木区找到 单词列表 ▾ 包含 东西 ? 积木，把 回答 积木复制或者从侦测积木区嵌套入"东西"处。然后从控制分类积木拖入一个 如果 那么 积木，再把 单词列表 ▾ 包含 东西 ? 积木嵌套入这个积木的条件空白处。

最后，在"外观"积木区的最上面找到 说 你好！ 2 秒 积木，你就完成图 4.14 的代码啦。

💾 保存文件

点击文件菜单，选择你的目录（或者桌面），把代码保存成名字为"AI 猫单词测试 .sb3"的程序文件。

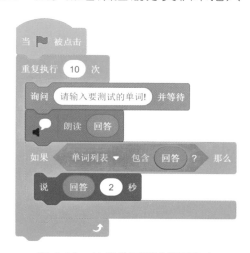

图 4.14　AI 猫单词测试代码积木

稍等一下，如果 AI 猫没有学过怎么办呢？它会说："我不会，现在就学。"
那么我们的流程步骤变成了：

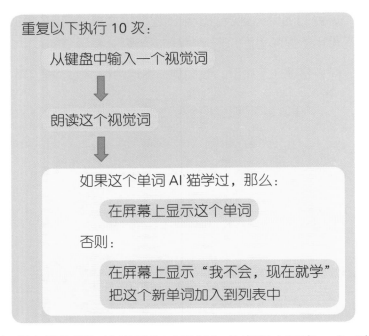

怎么完成这部分呢？注意到在"控制"分类积木区有一个"如果……，
那么……，否则……"积木（就在刚刚学习过的 如果 ◆ 那么 积木下面！），
利用这个，你可以很容易地完成我们上面的程序。

 小测验 2

请完成上面流程描述的程序，让 AI 猫边测试边学习。

编程知识：双分支结构（Branch for Two Alternatives）

双分支结构是指在程序中针对某个条件的两种不同的状态进行处理。
在以前的**单分支结构**（如果……那么……）中，我们只关心一个状态，即
所判断的条件"满足"时怎么处理，比如小猫碰到食物。而双分支结构对
两个相反的状态都进行处理。在我们的例子里，小猫以积极的态度面对测试。
学过的话就把它写下来，不会就继续学习。我们的同学们也应该这样向 AI
猫学习，对吗？

4 成绩报告

和小朋友们一样，AI 猫很好奇自己学得怎么样。它得统计一下究竟答对了多少个单词。为了完成这个，我们怎么帮助它呢？

想一想你自己是怎么统计得呢？我们一般都是口中念念有词：1，2，3，4……对不对？其实，这个数字是记录在我们的大脑里面了。那么 AI 猫怎么记录呢？

这就要用到"变量"，什么是变量？顾名思义，就是"变化的值"！

请来到"变量"分类积木区（见图4.15）。你可以看到 我的变量 积木。在它的下方有两个重要的积木：

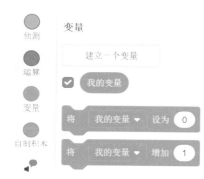

图 4.15　变量积木

- 将 我的变量 ▼ 设为 0 ：这个积木用来设置一个变量的开始值。你可以改变它。

- 将 我的变量 ▼ 增加 1 ：这个积木把这个变量的值不断增加1，就像是我们数数一样。

选中 我的变量 左边方框就可以在屏幕上跟踪变量的值。

编程知识：变量和常量（Variable and Constant）

变量是为了记录某个变化的信息。每个变量的名字都必须是唯一的，以防止混淆。尽管变量的值会不断变化，计算机会把每个变量的"最新的值"记录起来。或者说，以前的值会被"覆盖"或者说丢弃掉而被新的值取代。变量的值不一定是数字，可以是字符、字符串等任何计算机可以表示的符号。和变量不同，常量是程序中不变化的值，比如0，1，"Hello"等。我们常常把一个变量的初识值设为一个常量，就像 将 我的变量 ▼ 设为 0 积木那样。无论变量或者常量都可以进行各种数字和字符的运算（请见"运算"分类积木区）。

现在，让我们看看一个变量的值会怎么变化。下面的表格中，我们的变量开始被设为 0，随着不断地进行"增加 1"的操作，它的值不断增加，一直到 9。有了变量，我们的 AI 猫就可以记录自己的分数了。

操作	设为 0	增加 1	增加 1	增加 1	增加 1	增加 1	增加 1	增加 1	增加 1	增加 1
值	0	1	2	3	4	5	6	7	8	9

试一试

我们来动手模拟一下上面的表格。选中 我的变量 左边的方框，然后点击 将 我的变量 ▼ 设为 0 ，这时应该可以看到屏幕上显示 我的变量 的值是 0。然后点击 将 我的变量 ▼ 增加 1 ，你会发现这个变量的值不断变化。你可能也发现了，一开始即使你不点击 将 我的变量 ▼ 设为 0 ，屏幕上的显示也是 0。这是为什么呢？

编程知识：默认值（Default Value）

默认值是编程语言为变量或者参数提前设置的一个固定值。默认值也常常称为**缺省值**，为我们编提供了很大的便利。在 Scratch 中，我们看到大量的缺省值，如 移动 10 步 ， 说 你好！ ，以及刚刚用到的 将 我的变量 ▼ 设为 0 ， 将 我的变量 ▼ 增加 1 等。请注意，所有的默认值都是可以根据需要进行修改的。这个我们以前的程序已经进行了很多次啦。

好了，我们想让 AI 猫说自己的测试成绩："正确数：？"。其中的"？"代表了答对的题数。现在，我们需要处理的不是一个数字，而是一个包含有变量值（数字）的"混合体"。这个混合体我们叫作"表达式"。表达式需要进行一定的"运算"才能够得到最后的结果。

编程知识：表达式（Expression）

表达式是一个能够进行运算的常量和变量的混合体。根据常量和变量的内容，表达式也有不同的类型，比如**数字表达式**和**字符串表达式**。数字表达式一般有加减乘除和四舍五入等运算，字符串有连接、获取字符和判断是否包含字符等运算。在 Scratch 中，你可以在"运算"分类积木区里面找到大量的运算积木。另外，其他的表达式类型还有**逻辑表达式**和**数学函数表达式**。这些我们以后慢慢学习。

现在，请在"运算"分类积木区里面找到 连接 苹果 和 香蕉 积木。把它嵌套到 说 你好! 2 秒 积木里面。然后删除"苹果"字符串，在空白处输入"正确数："。最后，把变量里面的 我的变量 积木嵌套入"香蕉"的位置。我们最终会完成图 4.16 的程序。你可以观察到 我的变量 的变化。

图 4.16　AI 猫成绩计算代码积木

小测验 3

修改前面的程序，让 AI 猫说自己的测试成绩："10 道题我答对了？道"。比如，如果它答对了 7 题，就说"10 道题我答对了 7 道"。你需要使用嵌套来连接 3 个积木："10 道题我答对了"， 我的变量 和"道"。具体方法是：先连接其中两个，然后作为一个积木嵌套到另外一个"连接"积木中。赶快试试，挑战一下自己吧！

最后，测试结束后，我们得告诉 AI 猫它的表现如何。我们给这样一个标准：答对 8 个以上，表现不错。否则，需要努力。我们可以把这个评定结果朗读给 AI 猫。

这一块积木如何完成呢？回顾前面我们讲过双分支结构（小测验 2），其中的标准就是一个双分支结构。我们需要判断一下 我的变量 的值是不是大于等于 8，然后把它作为条件来嵌套入"如果……那么……否则……"积木。那么怎么判断 我的变量 的值是不是大于等于 8 呢？

首先，我们写一个逻辑表达式："我的变量 ≥ 8"。我们需要进行运算才能知道是否满足条件。在 Scratch "运算"分类积木区里面，我们看到了三个相关积木。可是并没有一个"≥"的积木。

怎么办呢？不要慌，我们有几个办法：

（1）表达式"拆分"："我的变量 > 8"或者"我的变量 = 8"（两个不同的情况）

（2）表达式"重构"（重新构造）："我的变量 > 7"（因为 我的变量 是整数）

（3）表达式"反向否定"："我的变量 < 8"不成立（因为 我的变量 是整数）

哇，我们一下子找到了三种办法，真厉害！方法（2）最直接，但是方法（1）里面的"或者"和方法（3）里面的"不成立"在哪儿呢？

我们可以使用"运算"！我们来找一下。你会发现下面三个积木：

这就是我们需要的逻辑运算！为了深入地学习，我们使用方法（1）的逻辑表达式完成。这需要我们把 我的变量 进行">"和"="的运算，然后分别嵌套入"或"逻辑运算的两个空位。让我们完成最后的积木吧。请比较图 4.17 保证你的积木正确无误。

保存文件

点击文件菜单，选择
你的目录（或者桌面），
把代码保存成名字为"AI
猫单词测试成绩 .sb3"的
程序文件。

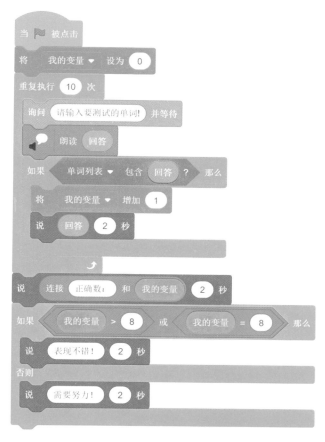

图 4.17　AI 猫单词成绩测试代码积木

编程知识：**逻辑运算**（Logical Operation）

　　逻辑运算是逻辑表达式中"逻辑值"之间的运算。逻辑值只有两种："真"和"假"。
逻辑值一般来自数字和字符串的一些值的"比较"操作，例如数字的大于、小于和相等，
以及"字符串中是否包含某个字符"等。当比较结果符合时，逻辑值为"真"，否则
为"假"。逻辑值之间的运算有三种：与，或，不成立。在我们的例子中，当我们的
变量值"大于 8"或者"等于 8"中一个比较结果为"真"的时候，我们都认为 AI 猫
的表现很棒。逻辑运算的规则比较复杂，我们后面会根据具体问题和同学们逐步展开，
让同学们来完整地学习。

好了，让我们来总结一下我们 AI 猫的英语学习吧。AI 猫完成了四个重要阶段：

- 学习英文字母。
- 记忆视觉词。
- 单词学习测试。
- 学习成绩报告。

本章小结

在此过程中，它了解了以下编程知识：

- 人工智能。
- 数据。
- 列表。
- 参数嵌套。
- 程序执行跟踪。
- 输入和输出。
- 动态列表。
- 代码重用。
- 双分支结构。
- 变量和常量。
- 默认值。
- 表达式。
- 逻辑运算。

你是不是也掌握了这些呢？如果是的话，让我们一起期待下一章吧！

答　案

小测验 1

当 🏳 被点击
询问 请问朗读几遍？ 并等待
重复执行 回答 次
　　 💬 朗读 Hello

小测验 2

当 🏳 被点击
重复执行 10 次
　询问 请输入要测试的单词！ 并等待
　 💬 朗读 回答
　如果 单词列表 ▼ 包含 回答 ？ 那么
　　说 回答 2 秒
　否则
　　说 我不会，现在就学 2 秒
　　将 回答 加入 单词列表 ▼

小测验 3

当 🏳 被点击
将 我的变量 ▼ 设为 0
重复执行 10 次
　询问 请输入要测试的单词！ 并等待
　 💬 朗读 回答
　如果 单词列表 ▼ 包含 回答 ？ 那么
　　将 我的变量 ▼ 增加 1
　　说 回答 2 秒
说 连接 我10道题答对了 和 连接 我的变量 和 道 2 秒

小测验讲解

我们多才多艺的 AI 猫要学习数学运算，使自己更
加聪明。它能够学习到什么程度呢?

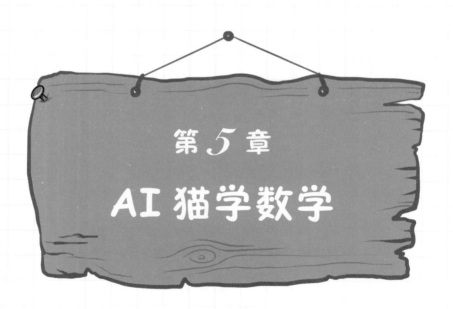

第 5 章

AI 猫学数学

1 加一减一

一上来就做普通加法对 AI 猫来说有些困难啊。我们就从最简单的开始吧。

有些同学会说，加法不用学习啊，已经有运算积木了。对吗？

大家想一想，我们有了计算器，还是要学习算术，为什么？因为我们需要学习数学方法和数学原理。

仿照前面的字母字符列表，我们需要先让小猫们认识一下数字。我们就做个数字列表吧。让我们做一个从 1 ~ 10 的数字表（见图 5.1）。

图 5.1 AI 猫数字列表

在这个表里，我们很容易发现三个规律：

（1）后一个位置的数为前一个位置的数加 1，比如 1+1=2。

（2）前一个位置的数为后一个位置的数减 1，比如 2–1=1。

（3）每个数的位置和里面的数一样大。

对于 AI 猫来说，加一减一就很容易啦：

（1）数 +1：找到列表中位置等于这个数的地方，然后得到后一个位置的值。

（2）数 −1：找到列表中位置等于这个数的地方，然后得到前一个位置的值。

　　继续刚才的程序，从键盘里读入一个数，计算它加一和减一，并让小猫说出来加一和减一的结果 2 秒，中间隔 1 秒。比如，你输入 3，小猫就说"3+1=4"，然后 1 秒后说"3−1=2"。你需要用到侦测、运算、显示和列表里面的积木。如果你的步骤正确，应该会得到和图 5.2 一样的程序。

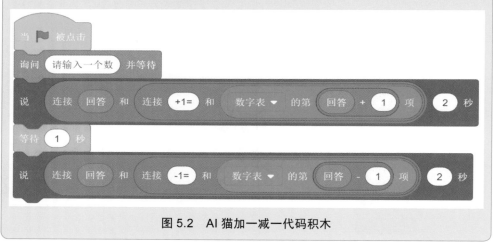

图 5.2　AI 猫加一减一代码积木

💾 **保存文件**

　　点击文件菜单，选择你的目录（或者桌面），把代码保存成名字为"AI 猫加一减一 .sb3"的程序文件。

　　如果不用手动输入，就让程序做。我们叫作"自动化"，也就是不需要人工完成一个内容或者任务。那么我们怎么样完成 1 ～ 100 这些数的输入呢？

　　很显然，我们需要生成一个空的列表。然后从 1 到 2，3，4，……直到 100，逐个把这些数加到列表里面就可以了。因为 1 是第一个加入的，它的位

想一想

我们刚才的列表只有10个数，如果要是有很多数，能不能不用自己手输入呢？

置就是 1，2 的位置就是 2。依次类推，所有的数的位置和值都是一样的。

那么位置从 1 ~ 100 是个不断变化的过程。一个信息如果是变化的，我们用什么来表示呢？

对了，变量！让我们把"位置"定义成一个变量。它的开始位置是 1。

我们先生成一个空列表"数字列表"并定义一个变量"位置"。记住你可以修改 我的变量 的名字为"位置"即可。让我们来写一下这个过程的步骤：

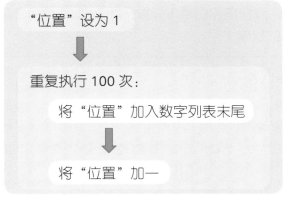

"位置"设为 1

⬇

重复执行 100 次：

将"位置"加入数字列表末尾

⬇

将"位置"加一

注意我们用"位置"来注明这是一个变量。如果你熟悉变量的使用，上面的每个步骤对应一个积木。让我们逐条把它们写下来吧。

在图 5.3 的程序中，我们的位置变量开始设为 1，然后在每次的循环中增加 1。这个过程不断进行直到 100 次完成。

因为我们每次把位置变量的值加到数字列表的最后，当循环 100 次后，我们也向列表内加入了 100 个数，即列表的长度。

图 5.3　积木代码

当你运行第二次的时候，列表中已经有了 100 个数。这个时候程序只能接着从 101 的位置开始加入 1，2，3，……这样就不对了。为了解决这个问题，我们需要保证列表在加入数之前是"空"的。

那么怎么清空一个已经有数的列表呢？

在列表积木中找到 `删除 数字表 ▼ 的全部项目` 并把它加入到 `当 🏳 被点击` 下面。这时候，你不论运行多少次程序，列表里面都会是 100 个数啦。

想一想

如果再运行一次程序，我们就加入了 200 个数。可是第 101 位置的数是 1，为什么？

保存文件

点击文件菜单，选择你的目录（或者桌面），把代码保存成名字为"AI 猫列表自动化 .sb3"的程序文件。

编程知识：自动化（Automation）

自动化是人工操作完全被机器或者计算机替代的过程。在工业生产中，大量高强度和重复性强的流水线工作可以被机械机器人来完成。自动化不一定需要人工智能来实现，但是越来越多的复杂自动化工作需要连接摄像头和多种传感器的智能机器人来完成。计算机程序中的自动化也称为**程序自动化**。在我们的例子中，输入的数据也可以借助于程序来自动准备。

---

② **加法和减法**

只是学会加一减一对于 AI 猫来说还不够。怎样让它计算任何两个数的相加和相减呢？

我们先从相加开始。如果我们要做 7+5，快速的方法是凑 10，也就是 7+5 = 7+3+2 = (7+3) + 2 = 10 + 2 = 12。

如果我们做 17+5，怎么凑呢？我们的方法是凑 20，也就是 17+5 = 17+3+2 = (17+3) + 2 = 20 + 2 = 22。

这种凑 10 或者凑 20 的思路，其实是"进位"的思想。对于 AI 猫来说，这些就相当"复杂"了。有没有更简单的思路呢？

让我们看看下面的数字轴线（见图 5.4）。数字从 1 一直到 20。在这个轴线上，我们可以发现三个规律：

（1）向右越来越大。

（2）向左越来越小。

（3）轴上每两个点的数值相差是 1。

1　2　3　4　5　6　7　8　9　10　11　12　13　14　15　16　17　18　19　20

图 5.4　数字轴线图

现在让我们先找到 7，然后向右移动 5 次，因为每次增加 1，我们实际上就完成了 7 的"加 5"操作了。好了，你明白了，要是想 7–5，就从 7 向左移动 5 次就可以了。

那么这个方法为什么对于 AI 猫来说很容易呢？如果你把这个数字轴向右转动 90°，不就是我们的数字列表了吗？

我们可以在列表中找到 7（也就是位置 7 上面的数），然后位置向前移动 5 次，再找到当前位置的值即可。

和以前一样，整理一下思路，我们可以列出 7+5 的流程：

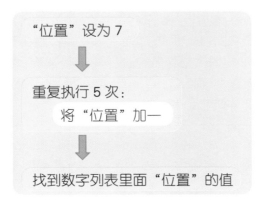

请修改 AI 猫列表自动化程序，完成图 5.5 的计算 7+5 的程序。记住，最后的结果要等到循环结束以后再说出来。

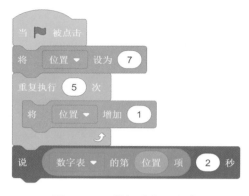

图 5.5　AI 猫加法代码积木

保存文件

点击文件菜单，选择你的目录（或者桌面），把代码保存成名字为"AI 猫加法 .sb3"的程序文件。

小测验 1

修改 AI 猫列表自动化的程序，完成 7 − 5 的流程程序。记住，减一和增加"−1"是一样的。

AI 猫太兴奋了，加法和减法就这样轻松掌握了。但是，如果你要做 77+55，需要到程序中把 7 改成 77，5 改成 55，然后再进行计算。这样有点不方便啊，每次都要进到程序里面修改。

编程知识：死代码（Hard Code）

死代码是指计算机程序当中把"某些变化的信息"用常量值来设定的部分代码，也称为"硬编码"。设成常量值后，每一次当这些信息变化的时候都需要对程序进行修改才能完成需要的结果。在我们的例子里面，相加的两个值在不同的计算中是不同的，但把它们固定成为 7 和 5 的话结果永远是 12。死代码带来两个问题。首先，程序会不停被修改，不但麻烦，而且容易产生修改错误。其次，当程序中死代码较多的时候，忘记修改某个死代码的常量值会造成程序执行错误。同学们要尽量避免死代码。

我们需要把"死代码"拿掉。怎么办呢?

如果你在"运算"分类积木区,你会发现里面所有的积木都把变化的数用空格来留着。比如相加的积木是 。只需要把相加的两个数作为第一个和第二个参数放进去就可以了。我们能不能自己也做一个类似的积木呢?

我们继续在"AI 猫加法 .sb3"的程序中修改。这样我们可以重复使用前面的相加程序,只要把死代码拿掉就好了。

请点击"自制积木"分类积木。点击 制作新的积木 会弹出一个对话框(见图 5.6)。通过这个框,我们可以定制这个新积木。

图 5.6　制作新积木对话框

通常来说,一个积木需要以下信息:

(1)积木名称。

(2)参数(可以一个以上),即"输入项"。

参数有好几种。让我们将注意力放在第一个"数字或文本"上面。点击一下就会加入一个新的参数。对于相加,我们可以定制新积木为:

(1)名称:相加。

(2)参数 1:数 1。

(3)参数 2:数 2。

点击右下角的 完成 按钮后，你会看到屏幕上面出现了两个新的积木（见图 5.7）：

- **积木区**：左边是一个可以填入参数值的积木。你可以像使用以前的 Scratch 自带的积木如 移动 10 步 或者 说 你好! ，一样，把它拖到代码区里使用。

- **代码区**：右边是左边积木的具体实现，也就是说，作为新积木的开发者，我们要告诉 Scratch 这个积木完成工作的完整过程。

图 5.7　自定义积木屏幕显示

编程知识：程序模块（Program Module）

　　程序模块是程序中为了完成一个独立的任务而创建的一个代码组。模块一旦定义好，测试确定正确，就可以重复使用而不需要把里面的代码再写一遍，这样就会节省大量的开发时间。因为模块已经成功测试，使用模块的代码也不会出现错误。在 Scratch 中，所有的自带积木都是一个独立的模块。模块分为带参数（如 移动 10 步 ）和不带参数（如 下一个造型 ）两种。大多数积木都是带一个或者多个参数的。通过增加新的模块，我们可以扩展 Scratch 的功能来快速完成更多、更复杂的任务。

　　那么，如何定义我们的"相加"积木呢？我们来一个"乾坤大转移"（见图 5.8），分为以下 6 步：

（1）开始，新积木为空。

（2）把原来的 7+5 代码拖到新积木下面。

（3）从"积木区"把新积木拖到 当 ▶ 被点击 下面。

（4）在"相加"积木的参数里面分别填入 7 和 5。

（5）用 定义 相加 数1 数2 积木里面的参数"数 1"和"数 2"分别替代积木组里面的 7 和 5。

（6）为了显示这个积木的强大之处。我们可以直接再拖过来两个相加积木来计算 12+20 和 30+10。

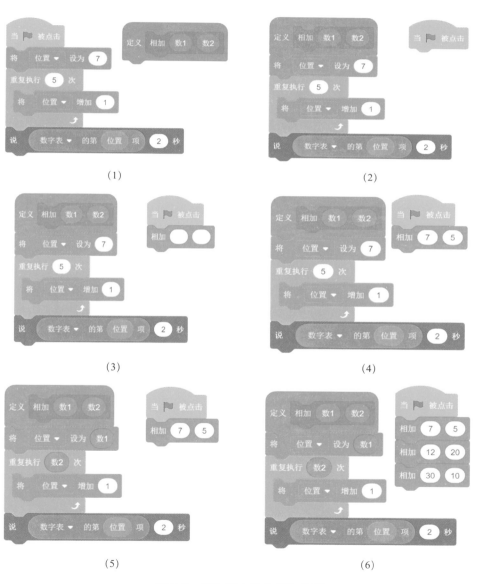

图 5.8　相加积木的定义和使用

现在，你会发现，我们的程序中没有"死代码"了。记住，参数不是"死代码"，因为它是我们需要给定的值。

那么，为什么我们的"相加"积木能够自动计算各种数的相加呢?

编程知识：参数值传递（Pass by Value）

参数值传递是程序模块的基本工作原理。在使用模块时，模块的参数值会根据先后位置顺序依次"传递"给模块的参数"变量"。在我们的例子中，"数1"和"数2"是参数变量，7和5是参数值。当执行"相加7和5"的时候，程序会找到 这个代码积木组，然后把7传递给"数1"，把5传递给"数2"（见图5.9）。这样，在后面的执行中，位置用的是"数1"的值，也就是7，重复的次数是"数2"的值，也就是5。因为使用"相加"积木时的参数值不一样，传递给"数1"和"数2"的变量值也就不一样。

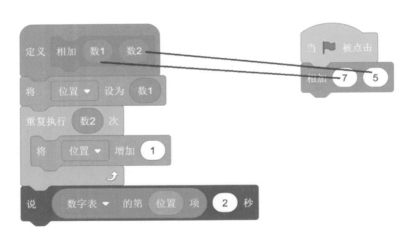

图 5.9　自定义积木的参数传递

保存文件

点击文件菜单，选择你的目录（或者桌面），把代码保存成名字为"AI 猫加法积木 .sb3"的程序文件。

修改以前的 AI 猫画正方形程序，制作一个"画正方形"积木，以屏幕中心（0，0）的位置为左上顶点画三个边长分别为 50、75、100 的正方形。请注意，这个积木只需要一个参数。

3 高斯连加

两个数相加并不能让我们的 AI 猫满意，它想着自己没准能够成为一个数学家。说起数学家，我们可能听说过一个叫高斯的人。1785 年，8 岁的高斯上一年级的时候，不到一分钟就做出来了老师布置的一道数学题：

题目：1 加 2 加 3，一直加到 100 等于多少？

聪明的高斯怎么做的呢？

$1+100 = 2+99 = 3+98 = 4+96 = …… = 50+51$。所以，总共有 50 对相同结果的"和"，每个和的值等于 101。于是，结果等于 50 个 101，也就是 5050。

高斯后来成为了历史上最伟大的数学家之一。我们能够从他解决数学题的思路里面学习到什么呢？

规律！高斯发现了 50 对"和"的结果一样。所以，在做数学题的时候，找规律非常重要。

虽然 AI 猫对高斯相当佩服，但是它也提出了一个问题：

$$1+2+3+5+7+11+13+17+19+23=?$$

我们试着用高斯的办法，就会发现：

$$1+23 \neq 2+19 \neq 3+17 \neq 5+13 \neq 7+11$$

完了完了，完全没有规律啊。这可怎么办呢？

不要紧，没有规律我们就一个一个相加就可以了。如果我们自己在纸上来做的话，可能要花不少时间呢。如果用计算器的话，把这些数输入进去就可以了。AI 猫生活在信息时代，它知道计算机算起来很快，想用积木程序来完成。我们来看看怎么做吧。

讨论：智力和算力（Intelligence vs Computating Power）

　　智力一般是指"发现规律"来解决问题的能力。**算力**是指进行大规模快速计算的速度。一般来说，我们人的大脑既有智力，也有算力。过去曾经有小学生能够不用笔就能在几秒内完成一些大数的运算而被认为"神童"。现在不少小朋友经过一些训练，也能够快速进行类似的运算。这些虽然有算力的提升，但是更多是通过一些规律来提高运算速度的。从本质上来说，是"智力"的提高。如果从纯粹基本运算的能力来进行比较的话，即使是速度非常快的人也是比不上一般的计算机，更不用说那些超级计算机了。所以，人在"智力"上强于基本的计算机，而在"算力"上则远逊于计算机。那么，生活在信息时代并拥有计算机的你，觉得提高自己的"智力"重要，还是"算力"重要呢？

　　解决问题的一项重要能力是发现规律。这个规律同学们不要把它仅仅限定在数字的规律上面。很多时候，数字或者信息本身没有规律，但是如果我们能够找到一套固定的方法去解决它，不也是相当于找到了一个"规律"了吗？我们常说"兵来将挡，水来土掩"，看似用兵和用土不一样，方法都是"挡"和"掩"这些有效的手段，不是吗？

　　那么对于刚才这个没有数字规律的 1+2+3+5+7+11+13+17+19+23，我们的解决问题的方法是什么呢？

　　没有规律我们就一个个去加。如果你拿一张纸，一步步去加，就会得到下面的结果：

计算过程	被加的数	中间和
		0
0 + 1 = 1	1	1
1 + 2 = 3	2	3
3 + 3 = 6	3	6
6 + 5 = 11	5	11

计算过程	被加的数	中间和
11 + 7 = 18	7	18
18 + 11 = 29	11	29
29 + 13 = 42	13	42
42 + 17 = 59	17	59
59 + 19 = 78	19	78
78 + 23 = 101	23	101

注意到，每次我们只加一个数。刚开始的时候什么都还没有加，所以从"0"开始。每次相加都是在前一个"中间和"的基础上进行。这个中间和开始是 0，到了最后就正好等于我们想要的结果。

如果你仔细观察上面的运算，就会发现这其实就是"中间和"不停变化的过程，并没有其他的什么多的信息。让我们把这个过程写出一个流程步骤吧。

中间和 = 0

重复以下过程：

把中间和设成"原来的中间和 + 下一个数"

就是这么简单！过程看上去比较复杂，其实就是一个变量在不停地在更新。这就是我们用计算机解决问题的奥妙之处，我们称它"计算思维"！

让我们新建一个项目，新建一个"数字列表"并从键盘输入 1，2，3，5，7，11，13，17，19，23。定义一个变量"连加和"和变量"位置"。现在让我们试着把刚才的流程（下表左）进行根据列表进行稍微的改动（下表右），有利于我们更好地写 Scratch 代码：

流　程	改　动
中间和 = 0 重复以下过程： 　把中间和设成"原来的中间和 + 下一个数"	"连加和"设为 0 "位置"设为 1 重复执行直到"位置" > "数字列表"的最后位置： 　"连加和"增加"数字列表"的第"位置"项； 　"位置"增加 1

好了，新的流程已经很明了，我们已经对列表的位置很熟悉了。原来流程中的"下一个数"是通过"位置增加1"来不断更新的。现在写代码吧。

请根据上面表格右侧的新流程，完成我们的连加程序（完整代码请见图 5.10）。

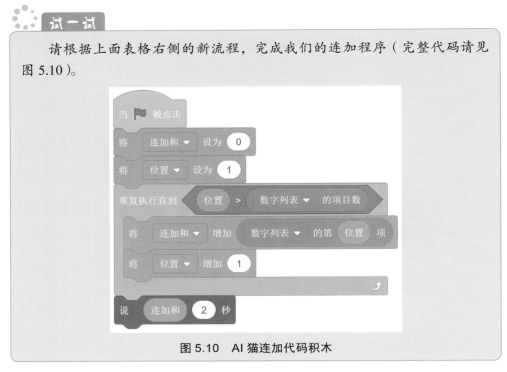

图 5.10　AI 猫连加代码积木

请记住，更新变量是熟练学习和使用计算思维的核心。你理解了吗？

编程知识：计算思维（Computational Thinking）

　　计算思维是使用计算机来解决问题的方法。不同于数学思维中大量的寻找规律，推导公式和求解方程，计算思维充分利用计算机能够快速地进行大量计算的优势，从定义一个或者多个"变量"出发，确定它的初始值，也就是计算前的值，然后通过循环来更新变量的值。使用计算思维不需要了解数本身的规律，即公式或者方程，只要对变量更新的关系有充分理解就可以了。在我们的例子中，变量是"中间和"，它的初始值是 0，它的更新是通过不断增加下一个数来完成的。总体来说，计算思维比数学思维更加灵活、简便，可以用来解决大量类似的问题。

保存文件

点击文件菜单，选择你的目录（或者桌面），把代码保存成名字为"AI 猫数字连加 .sb3"的程序文件。

那么高斯连加能不能用计算思维做呢？当然可以了，没有规律能做，有规律一样做！

小测验 3

请修改"AI 猫数字连加"的程序，不需要列表，完成"AI 猫高斯连加 .sb3"的程序。提示：下一个数可以用一个变量来定义，像前面的位置那样每次数值增加 1 就可以了。

4 循环猜数

AI 猫很有好奇心，喜欢和别人猜数，但是怎么也猜不对。猜的次数太多又太烦了，有什么锦囊妙计传授给它呢？

问题：AI 猫面前有一张牌，上面是 1 ~ 10 中的某一个数字。请问小猫最快几次可以猜对？

这个数是几有规律吗？ AI 猫想不到。其实真的是没有规律的，因为牌很可能是随便抽出来的。但是，AI 猫想着我们刚刚学到的计算思维。我们可以设一个变量"猜数"，然后做下面的过程：

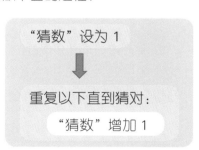

我们的 AI 猫好聪明！这是一个计算思维的方法，太棒了！我们试试看这个方法怎么样吧。

让我们假定这个数字是 2，那么小猫猜两次：1 不对，2 对了！

如果这个数字变成 5，那么小猫猜 5 次：1 不对，2 不对，3 不对，4 不对，5 对了！

如果这个数字变成 10，那么小猫猜 10 次：1 不对，2 不对，3 不对，……，9 不对，10 对了！

不论这个数是几，AI 猫都能顺利猜对。你能不能完成这个程序呢？

试一试

请根据上面的流程，完成"AI 猫猜数"程序。程序询问"正确的数是几？"，然后用户从键盘中读入一个 1～100 的数。如果 AI 猫猜对，就说出这个数。正确的程序见图 5.11。

图 5.11　AI 猫猜数代码程序

保存文件

点击文件菜单，选择你的目录（或者桌面），把代码保存成名字为"AI 猫猜数 .sb3"的程序文件。

虽然计算机很快，多大的数都能一下子猜对，但是 AI 猫有一点点失落，猜的次数还是有些大。比如，如果输入 100 的话就要猜 100 次。虽然 AI 猫不知道很大的数字有多大，但是它想象，一定有一个数，能够大到连计算机都要不停猜好久好久。

能不能更快一点？ AI 猫问道。

可是，有没有办法让计算机更快地猜出正确数字呢？

这时候，AI 猫想起来自己刚刚学习计算思维时候的两个问题（你很可能也有这样的问题）：

（1）为什么变量要从 1 开始呢？

（2）为什么变量更新一定要是"加 1"呢？

这两个问题非常棒！我们的答案是：

（1）变量"不一定"要从 1 开始。

（2）变量更新"不一定"要"加 1"。

如果不是的话，应该从什么值开始，每次如何更新呢？AI 猫怎么想也想不清楚。那么我们试试看有哪些可能的办法吧：

（1）从开头（1）开始猜。

（2）从末尾（10）开始猜。

（3）从其他地方（比如中间 5）开始猜。

如果你简单想想就知道，从末尾猜和开头猜没有区别。只是猜 10 的时候一次就猜对了，但是猜 1 的时候却需要猜 10 次，倒过来了而已，次数是一样的。那么从中间猜有没有什么"玄机"？

似乎也没有什么，猜错了得换一个数，不是吗？但是我们脑洞打开一下，假如拿牌的小朋友能够告诉 AI 猫猜得大了或者小了呢？

举个例子吧，如果正确的数是 10，我们猜了 5，得到回答是"猜小了"。那么该猜什么数？

如果猜小了，那就只需要猜 6，7，8，9，10 这 5 个数中间的一个。这样只剩下 5 个数啦！就算你再去一个一个猜，最多 5 次就可以猜中，一共最多需要猜 1+5=6 次，对吗？这个你一定要想清楚！

可是 AI 猫已经尝到猜中间的"甜头"了，它怎么可能再一个一个去猜呢？继续猜中间！6，7，8，9，10 这 5 个数的中间是 8。我们来看看剩下的过程：

AI 猫猜 8，回答："猜小了"，剩下 9 和 10 两个数啦！中间是 9 或者 10，取 9 吧。

AI 猫猜 9，回答："猜小了"，只剩下 10 了！剩下的数的中间就是它了。

猜了几次呢？AI 猫只猜了 5，8，9，10。4 次就完成了，比起之前的 10 次少了 6 次。

请根据上面"猜中间"的过程，记一下当正确的数是 1 的时候，AI 猫猜测的次数是多少。如果剩下的数是"偶数个"，就选"中间两个数"的前面一个。

下面的表格给出了正确的数是 1 时的猜测过程：

猜数	回答	剩余的数	新的中间数
5	猜大了	1，2，3，4	2
2	猜大了	1	1
1	猜对了		

再看看正确的数是 4 时的猜测过程：

猜数	回答	剩余的数	新的中间数
5	猜大了	1，2，3，4	2
2	猜小了	3，4	3
3	猜小了	4	4
4	猜对了		

让我们把使用两种方法不同方法猜 1 ～ 10 的次数进行一个详细的比较。我们还可以看到"猜中间"比"从头猜"少用的次数。

次数	1	2	3	4	5	6	7	8	9	10
从 1 开始猜	1	2	3	4	5	6	7	8	9	10
从中间开始猜	3	2	3	4	1	3	4	2	3	4
节省次数	-2	0	0	0	4	3	3	6	6	6

有没有发现下面两个有意思的结果：

（1）"猜中间"的次数比较平均，从 1 次到 4 次不等，很多 2 次和 3 次。

（2）除了 1 以外，"猜中间"用的次数要么比"从头猜"次数更少，要么
　　　和它一样。

显然，我们可以下结论："猜中间"是更加高效的方法！为什么"猜中间"更加快？因为每次根据中间数的大小，你只需要在"一半"的剩余数里面猜，其他的数就不需要考虑了。

　　现在总结一下我们刚刚"猜中间"方法的变量使用：

　　（1）"猜数"变量从一组数的中间开始。

　　（2）"猜数"在循环中每次更新为"剩余"可能数的中间数。

　　让我们把这个过程的流程写一下：

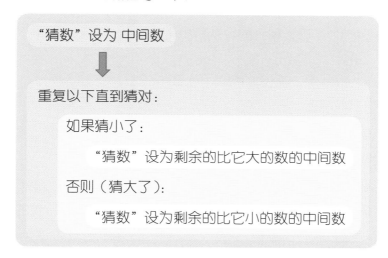

　　AI 猫不明白这里面的"剩余的比它大的数"和"剩余的比它小的数"怎么在程序里面表示。而且，中间数怎么确定呢？我们下一节继续。

⑤ 二分猜数

　　AI 猫迫不及待地想要完成上一节的"猜中间"程序。但是，它不知道怎么在程序里面表示剩余的数。注意到我们的"猜数"变量并不是每次加 1，如何找中间数是关键的一步。怎么做呢？

　　记住，计算思维的方法基本都来自我们对例子的观察和总结。我们再看看以前的例子。我们现在增加了表里的两列：剩余数的范围和中间数的计算。因为剩余的数是连续的，我们可以用一个范围来表示这些数。中间数的计算就是范围两端的数平均然后取整数部分。为什么要取整？因为我们的数都是整数。

猜数	回答	剩余的数	范围	中间数计算	新的中间数
5	猜大了	1, 2, 3, 4	[1, 4]	（1+4）/2 取整	2
2	猜大了	1	[1, 1]	（1+1）/2 取整	1
1	猜对了				

但是这个范围呢，是不断变化的。假如范围是 [1，10]，中间数是（1+10）/2 取整 = 5。现在有三种情况：

（1）"猜对了"：任务完成。

（2）"猜大了"：那么剩余的数就是小于 5 的数，范围缩为 [1，5–1]，即 [1，4]。

（3）"猜小了"：那么剩余的数就是大于 5 的数，范围缩为 [5+1，10]，即 [6，10]。

可见，我们需要两个"变量"："范围左值"和"范围右值"。最开始，它们的值分别是 1 和 10。

好了，AI 猫现在学到了一个更高的计算思维技巧：双变量。我们常常用两个相关的变量来描述一个变化的信息，比如数的范围，列表中位置的范围等。

现在我们重新写一下前面的流程，这一次是不是容易转换成为 Scratch 积木了呢？

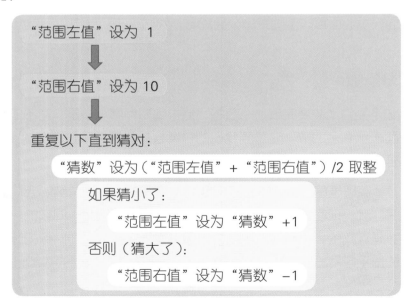

上面的过程已经和我们以前的任何循环都不一样了，对吗？根本区别是它已经不再是简单地利用计算机的强大运算能力进行"死算"。它已经有一定的技巧了：通过理解运算和数的关系来降低计算机的运算次数。我们称这些过程为"计算机算法"。

编程知识：计算机算法（Computer Algorithm）

计算机算法是计算思维中特别设计的信息处理的过程。计算机算法常常通过一些行之有效的逻辑方法来简化程序的执行，降低计算机运算次数，从而提高执行的效率。在我们的例子中，因为所有的数是从小到大排列，通过中间值的判断，我们可以迅速将猜测的数的范围缩小到一半以下。计算机算法是计算机科学和编程学习的核心内容。为了区别不同的算法，我们给每个算法一个名称。我们这个"猜中间"的算法的正式名称是二分搜索。

试一试

请修改前面的 AI 猫猜数程序，根据上面的流程完成 1 ~ 100 个数的 AI 猫二分猜数的程序（见图 5.12）。注意到在"运算"分类积木中有一个向下取整积木 ，可以帮助你完成猜数的平均值取整计算。

图 5.12　AI 猫二分搜索代码积木

点击文件菜单，选择你的目录（或者桌面），把代码保存成名字为"AI猫二分搜索.sb3"的程序文件。

为什么叫作"二分搜索"呢？前面说了，通过中间值的判断，每次我们都能够将需要猜测的数的范围缩小到一半以下。所以，一旦中间数没有猜对，我们相当于每次的判断把原来的范围分成了除了中间数以外的"两半"：需要继续搜索的范围和不需要搜索的范围。

以100个数为例，让我们看看每次不成功猜测后剩下的继续搜索的范围大小变化：

次数	1次后	2次后	3次后	4次后	5次后	6次后
100	50	25	12	6	3	1

发现没有，6次就能搜索完100个数，任何数！所以，我们说最多是6次。

那么1000个数呢？

次数	1次后	2次后	3次后	4次后	5次后	6次后	7次后	8次后	9次后
1000	500	250	125	62	31	15	7	3	1

1000个数最多9次！二分搜索真的太厉害了。

二分搜索告诉我们，对于一个程序，换个角度，我们可以大大减少程序完成任务需要的执行次数。有没有其他的例子呢？有！

让我们来回顾一下两个数相加的程序（见图5.13）。1+99需要程序循环多少次呢？

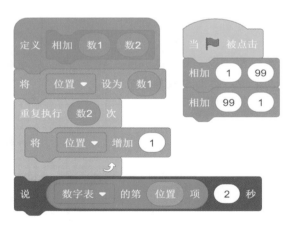

图5.13　相加积木

数 2 是 99，所以重复执行 99 次。哇！

但是，两个数换一下，99+1 却只需要执行 1 次！

同样的问题，程序的效率差别太大了。有没有办法改进呢？

小测验 4

请修改"AI 猫加法积木"的程序，当两个数相加时，让较大的数设为"位置"变量的初始值，然后循环较小值的次数。提示：你可以增加两个新的变量"初始值"和"循环次数"，然后对数 1 和数 2 进行判断来确定这两个变量的值，最后用它们来控制加法的执行。

讨论：数学和编程

很多小朋友可能听说过一种说法：编程的核心就是数学。这种说法对吗？关于这个，要看理解的角度。理解数学确实对我们的逻辑思维有较大的帮助，也便于理解深层次的数的规律。但是，编程的核心，就是计算思维，它更加重视对"变量"和"过程"的理解，以及从大的关系（如比较结果的分类）来设计算法。在我们的例子中，无论是计算思维或者具体的算法并没有直接涉及寻找规律来建立公式。所以说，对于编程来说，数字本身代表了"变量"的值，但是如果把所有关于数字的学习都归于数学，就未免有些以偏概全了。你怎么认为呢？

6 本章小结

好了，让我们来总结一下我们 AI 猫的数学学习吧。AI 猫完成了五个重要阶段：

- 加一减一。
- 加法减法。
- 高斯连加。

本章小结

- 循环猜数。
- 二分猜数。

在此过程中，它了解了以下编程知识：

- 自动化。
- 死代码。
- 参数值传递。
- 计算思维。
- 计算机算法。

另外，我们还和同学们讨论了两个令人感兴趣的话题：

- 智力和算力。
- 数学和编程。

你是不是觉得收获多多呢？到现在，我们的编程思维启蒙阶段就结束了。下一步，我们要带着 AI 猫来进行才艺表演。它能拿出哪些令人激动的绝活呢？让我们期待下一章吧！

答　案

小测验 1

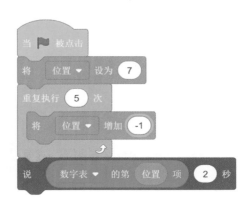

小测验 2

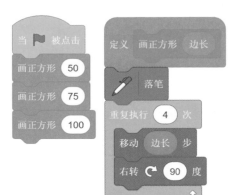

小测验 3

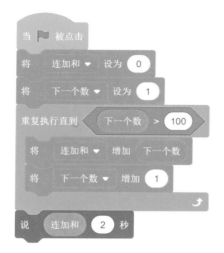

小测验 4

小测验讲解

AI 猫的学习告一段落啦。现在是它展露头角之时。期待它会有怎样的表现！

第 6 章

AI 猫做项目

在前面几章里面，我们可爱勤奋又好学的 AI 猫完成了体育音乐绘画英语数学的各项学习，已经成为一个拔尖的五好学生啦。除了继续学习，它还想完成一些自己喜欢的事情。有哪些？怎么做呢？我们来看一看吧。

① 项目设计

对我们的 AI 猫来说，捉老鼠当然是最喜欢的活动了。一看见老鼠 AI 猫就兴奋起来了。可是怎么表演这个游戏呢？

让我们来一个"大脑风暴"，想一想在游戏里面都需要什么吧。

（1）角色！游戏有两个主演，一个 AI 猫，一个老鼠。

（2）道具！老鼠应该是要吃什么好吃的，比如蛋糕之类的。

（3）舞台！这个游戏应该发生在一个具体的地方，比如客厅或者厨房里面。

（4）场景！老鼠做什么，猫做什么，有什么先后顺序和关联。

差不多了，我们先不要想着细节，先把大致的内容进行整理一下，我们把这个过程叫"项目总体设计"。

> **编程知识**：项目（Project）
>
> 　　**项目**是详细设计和规划的单人或者团队的任务。项目的范围很广，很多事情都可以组织成为一个项目。一般来说，项目的内容和答案不是简单明确的，比如计算1+1。但是几乎所有的计算机软件、网站或者系统都是通过项目来完成的。在我们的例子中，"捉老鼠游戏"也需要仔细的规划。项目的设计分为两步：**总体设计**和**详细设计**。总体设计对项目的意义、目标、角色、道具、舞台和基本场景需要明确。详细设计则是明确这些部分的具体信息和步骤。了解和学习项目的设计和实施是计算机软件开发人员的必备能力和基本素养。

在项目设计的时候，我们需要将我们的想法来组织一下，表格是常用的办法。

项目总体设计表

名称	捉老鼠游戏
意义	AI 猫最喜欢的活动
目标	让 AI 猫练习捉老鼠的能力和技巧
角色	AI 猫和老鼠
道具	一块蛋糕
场地	客厅
基本场景	小猫在睡觉，听到老鼠在吃蛋糕就追了过去

这样，我们的项目总体设计就完成啦。注意，项目的意义和目标是不一样的。意义是说为什么要做这个项目，目标是说这个项目要完成什么具体的事情或者任务。

AI 猫已经迫不及待地打开 Scratch 想编代码了，你是不是也这样呢？且慢！

我们知道编程序一定要知道流程，可是流程我们清楚吗？不是那么清楚。

而且这些角色、道具、场地我们都了解吗？基本了解，但应该再确认一下对不对？

那么在编程之前，我们需要进入项目设计的第二步：详细设计。我们也通过一个表格来组织。

但是直接填表格好像有些困难，我们可以用一个"问卷"一样的表格来开始。如果非常明确或者和总体设计一样，就填"明确"，否则就填入具体信息或者步骤。

项目详细设计表

你了解要做的角色吗？	基本属性（外观，颜色，尺寸，声音，等）	明确
	基本动作（事件，动作，功能）	明确
	场地	明确
你想要完成什么场景？	场景的顺序（或并行）	老鼠咬了一口蛋糕，猫醒来，猫捉老鼠
	有什么事件？	猫听见老鼠吃蛋糕
	几个小任务？	3
	小任务 1	老鼠跑到蛋糕，然后咬了一口
	小任务 2	猫听见有动静，醒来
	小任务 3	猫追老鼠，老鼠跑向墙洞

看，经过这个表格的整理，你是不是觉得清晰简单了好多？等你熟悉了以后，你就会能够很自然地去按照这个过程做了。下面，我们要开始项目实施了。

对于一个 Scratch 项目，我们的实施可以简单地分成 3 个部分：

• 素材准备：我们首先把项目需要的角色、道具、场地都从库里面添加进来。这个我们以前已经做过很多了。

• 代码编写：根据详细设计的任务把代码完成。

• 项目测试：运行程序来看看是不是达到效果了，比如 AI 猫是不是追到老鼠了。

其实啊，以上三步我们以前都是这么做的。那么为什么要在这里特别总结呢？因为在项目的实施中，我们是严格按照步骤来做的，不能在编程的时候想到什么素材再导入，程序没有完成就着急地开始测试。不然就可能乱套了。像做任何事情一样，我们要做到心中有数，准备就绪，有条不紊，对吗？

那么，咱们先从素材准备出发。

请完成"捉老鼠游戏"的 Scratch 素材准备工作如下：

- 蛋糕请选择角色库里面"食物"中的"Muffin"。
- 背景请选择背景库里面"室内"中的"Room 2"。
- 老鼠请选择角色库里面"动物"中的"Mouse1"。添加进来后请点击右下方角色区的"方向"，然后用鼠标拖动方向箭头来使老鼠的头朝左（–90 度）。
- AI 猫请使用项目本身的"Sprite1"，但是在造型中添加一个角色库中"Cat 2"的趴着睡觉的造型，这样 AI 猫就有三个造型啦。
- 确认 AI 猫已经有"Meow"这个声音。
- 给老鼠加入"Chomp"这个声音。
- AI 猫，老鼠，和蛋糕的尺寸设为 50。
- AI 猫的位置在左，蛋糕在中间靠左的位置，老鼠从右边的墙洞探出半个身子。

现在，我们的素材就准备好啦。请仔细对照图 6.1 确保和我们的要求一致。

下一步就是"代码编写"了。你是不是已经跃跃欲试了呢？很好，让我们一个个"小任务"来完成！

但是，我想和同学们有个约定：请大家自己思考，自己完成我们每一步的小任务。可以吗？老师可以把每一步都告诉你，可是你已经很熟悉 Scratch 了，可以根据老师的提示和指导来完成。这个就是我们说的"项目制的学习"。

图 6.1　AI 猫捉老鼠素材准备

3 代码编写

先来看看小任务 1：老鼠跑到蛋糕，然后咬了一口。在开始编写代码之前，我们需要想清楚一个事情：老鼠怎样能够咬一口蛋糕呢？

要让蛋糕缺一块，我们需要一个蛋糕缺一块的造型。如果你点击蛋糕造型，你会发现它确实有"muffin-b"这个造型。那么只需要老鼠咬的时候变换一下造型就可以了。我们需要知道的是什么时候变换造型。

很显然，当老鼠碰到蛋糕的时候，对吗？但是到底蛋糕怎么知道呢？我们有两个办法：

（1）蛋糕发现老鼠碰到它的时候。

（2）老鼠来到了蛋糕，然后"告诉"蛋糕。

第一个办法很正常，但是这里面隐藏这一个"重大的秘密"！

试一试

请完成小任务 1：老鼠跑到蛋糕，然后咬了一口。为了完成这个，让老鼠程序一开始就在 1 秒内滑行到蛋糕。在蛋糕程序中，当绿旗点击后判断有没有碰到老鼠，如果碰到，转换造型成为被咬一口的样子。

图 6.2　老鼠咬蛋糕代码积木

你的程序和图 6.2 的一样吗？

有没有注意到，每个积木旁边是角色的"造型"。这样的好处是帮助大家确认。如果程序有多个角色，一定要注意我们是"面向对象编程"的思路。也就是积木一定要放在正确的角色代码区内。你可以在屏幕右下角点击不同的角色来切换，然后确认积木代码是否放置对了。

可是蛋糕有没有显示缺一口呢？没有！

为什么？

注意一下，一旦绿旗点击，蛋糕会"马上"检查是否碰到老鼠。那个时候还没有，对不对？老鼠需要一秒钟才会过来。所以，后面蛋糕不再判断了，造型当然不会改变了。

再运行一次，你会发现，成功啦，蛋糕改造型啦！对不对呢？

这是因为，老鼠"一开始"就和蛋糕在一起，蛋糕当然就判断成功并修改造型。

每次运行前，你需要把老鼠用鼠标拖到右边墙边的位置，而且，这个时候蛋糕也已经有缺口了。你需要到造型的地方去修改回来开始的样子。这个就是"初始化"。

编程知识：程序初始化（Program Initialization）

　　程序初始化是将程序的"状态"恢复到运行前的状态，也叫"初始状态"。程序的状态范围很广，可以包括角色的初始尺寸、造型、位置以及变量和列表的初始内容。对于一个较为复杂的项目，我们常常需要运行程序很多次，如果每次都手动恢复的话会很麻烦，而且容易出错。所以，大多数时候我们使用"自动化"，即在程序中一开始就恢复初始状态。

那么这里我们怎么恢复呢？很容易，程序开始就是绿旗被点击的时候，所以，把它加到这里就可以了。请你把老鼠的位置恢复到右边并且把蛋糕恢复成没有吃的样子（见图 6.3）。

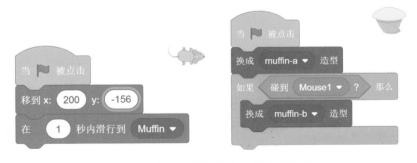

图 6.3　老鼠咬蛋糕的程序初始化代码积木

好了，我们回到前面的问题：为什么蛋糕没有缺一口？

如果开始判断不行，能不能不停地判断呢？我们试一下看看怎么做吧。

请修改上面的蛋糕程序，不停判断是否碰到老鼠，当碰到后就改变自己的造型成为缺了一口的样子。

咦，可以了！现在你应该可以看到蛋糕少了一块（见图6.4），请同时检查代码。

图6.4　老鼠咬蛋糕的轮询代码积木

虽然我们的功能实现了，但是这个程序执行多少次呢？因为是重复执行，所以相当于蛋糕不停地判断：老鼠来了吗？老鼠来了吗？即使改了造型，这个判断仍然进行。即使程序执行正确，这么做还是有些不合理。这个不合理的方法在计算机编程中叫作"轮询"。

编程知识：轮询（Polling）

　　轮询是一种计算机操作系统接收信息常见的方法。通过周而复始地询问（或检查判断）一个状态。当该状态发生的时候尽快进行相应的操作。轮询的目的是为了避免错过一个状态的发生而进行反复的检查。它常常应用于一个经常出现的状态，比如计算机数据请求等。在生活中，我们也常常对比较急的事情反复查询，比如不停点击刷新屏幕。对于我们刚刚的例子，因为蛋糕被咬只发生一次，所以使用轮询的代价比较高。

那么怎么办呢？我们在使用一些社交聊天的应用比如微信的时候，我们其实并没有不停地去"刷屏"，而是等待提示。当一个信息到来的时候，系统会第一时间自动提示在窗口。这个在我们不知道什么时候消息到来的时候特别有用。我们不必要浪费大量的时间和精力在"刷屏"上面。

我们刚刚提到了消息。对！使用消息！那么 Scratch 能够让我们发消息吗？

如果你想到消息属于一种事件，你就会尝试在事件分类积木区找找看。果然，我们看到了三个积木［见图 6.5（a）］。现在，点击 广播 消息1 ▼ ［见图 6.5（b）］，选择新消息，然后在对话框里输入"咬蛋糕"［见图 6.5（c）］。我们就生成了一个新消息"咬蛋糕"了。

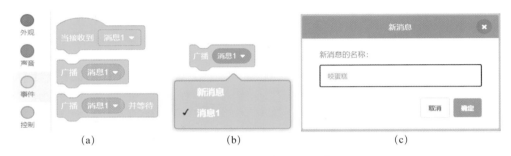

图 6.5　Scratch 新消息创建

现在，让老鼠程序一开始就在 1 秒内滑行到蛋糕，然后发出一个消息"咬蛋糕"［见图 6.6（a）］。当蛋糕收到这个消息后就改变自己的造型成为缺了一口的样子［见图 6.6（b）］。记住，这时我们只需要发一个消息，执行一次即可。效率大大提高了。

图 6.6　"咬蛋糕"消息使用

编程知识：消息机制（Messaging）

　　和我们平时发短信一样，消息是不同的程序代码之间进行的一种沟通方法。通过消息，我们能够保证程序执行的一些先后顺序。在消息机制中，每个消息有一个固定的名称，一方完成某个代码执行后发送一个消息，另一方接到该消息后执行另外一个代码。在我们的例子中，蛋糕一定要等到老鼠来咬了以后才能缺一块。使用消息机制就能够保证这个顺序。和轮询相比，消息机制更加灵活高效。特别适用于不同角色之间的动作协同和控制。

　　好了，现在你一定知道小任务 2（猫听见有动静，醒来）怎么做。猫也是需要等到老鼠咬了蛋糕以后才醒来，让我们来试一下吧。

　　请完成小任务 2：猫听见有动静，醒来。当猫收到"咬蛋糕"消息后，马上起身，然后发出一个"喵"声音。

　　记住小猫起身是通过换造型来完成的。而左边的绿旗点击的积木块是自动"初始化"AI 猫开始趴着的姿势和位置。结果程序请对照图 6.7。

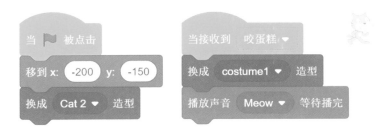

图 6.7　AI 猫惊醒代码积木

　　我们已经完成了两个小任务了。还剩下一个：猫追老鼠和老鼠跑向墙洞。

　　这个过程是什么样的流程呢？在我们把步骤列出来之前，我们需要回答 4 个问题：

（1）猫什么时候停下来？

（2）猫要跑多快？

（3）老鼠什么时候停下来？

（4）老鼠跑多快？

我们可以想象一下，有哪几种情况？

（1）猫比老鼠跑得快，猫捉到了老鼠，猫停下来。

（2）猫比老鼠跑得快，但是老鼠还是提前进洞，猫来到洞口停下来。

（3）猫比老鼠跑得慢，于是老鼠提前进洞，猫来到洞口停下来。

所以，我们希望猫比老鼠的速度快一点，猫有可能碰到老鼠，也有可能遇到洞口停下来。好了，现在可以列出来步骤流程：

（猫）直到碰到老鼠或者墙壁（洞口）：

　　猫移动 X 步

（老鼠）直到碰到猫或者墙壁（洞口）：

　　老鼠移动 Y 步

其实，猫和老鼠的程序是相似的。我们需要让 X 大于 Y。然后看看要大多少才能抓住老鼠。现在让我们把 X 设为 4，Y 设为 2。然后通过实验来修改。

试一试

　　请完成小任务3：猫和老鼠都不停地跑，直到碰到彼此或者右侧边界。这个停止条件是我们第4章讲到的一个逻辑表达式。在运算积木区可以找到"或"这个积木。在控制分类积木，你可以看到一个新的积木 。使用这个积木，你可以控制循环何时停止。

图 6.8　AI 猫捉老鼠完整代码积木

图 6.8 显示了最终的完整程序代码。

保存文件

　　点击文件菜单，选择你的目录（或者桌面），把代码保存成名字为"AI 猫捉老鼠 .sb3"的程序文件。

④ 项目测试

　　我们的程序完成了吗？看上去是的，但是程序是不是能够正确执行呢？

　　在我们进行项目的时候，我们的程序往往不像前面的数学连加一样，直接通过一个变量的值就能够看出来是否有逻辑问题。这时候，我们需要全面的测试。那么怎么测试呢？

　　让我们再来看一下前面说的几种可能的情况吧：

　　（1）猫比老鼠跑得快，猫捉到了老鼠，猫停下来。

　　（2）猫比老鼠跑得快，但是老鼠还是提前进洞，猫来到洞口停下来。

　　（3）猫比老鼠跑得慢，于是老鼠提前进洞，猫来到洞口停下来。

　　如果程序对的话，每一种情况都会出现相应的正确结果。为了方便测试结果分析，我们使用如下表格。我们把测试按照条件（猫和老鼠的速度）来分类，然后比较执行结果和正确结果是否一致。

我们如果用前面的程序来测试的话，我们会发现很满意的结果：全部正确！

条件		测试结果比较					
猫的速度	老鼠速度	正确结果 1	测试 1	正确结果 2	测试 2	正确结果 3	测试 3
4	2	猫抓到老鼠	正确	猫说抓到啦	正确	老鼠被抓	正确

但是，如果我们修改一下呢，把猫的速度改成每次走 3 步呢？

条件		测试结果比较					
猫的速度	老鼠速度	正确结果 1	测试 1	正确结果 2	测试 2	正确结果 3	测试 3
3	2	猫碰到边界	错误	猫说没抓到	错误	老鼠进洞	错误

不好，结果全部错了！太尴尬了。怎么回事呢？

再来测试一下，把老鼠的速度改成每次走 3 步呢？还是全错！

条件		测试结果比较					
猫的速度	老鼠速度	正确结果 1	测试 1	正确结果 2	测试 2	正确结果 3	测试 3
4	3	猫碰到边界	错误	猫说没抓到	错误	老鼠进洞	错误

要是把猫的速度改成每次走 5 步呢？

条件		测试结果比较					
猫的速度	老鼠速度	正确结果 1	测试 1	正确结果 2	测试 2	正确结果 3	测试 3
5	2	猫抓到老鼠	正确	猫说抓到啦	正确	老鼠被抓	正确

这次全部又对了！

让我们来总结一下吧。只要 AI 猫跑得足够快，能够抓住老鼠，我们的程序就能执行正确。如果 AI 猫不够快，那么程序就不能实现预期的效果：

- AI 猫没有碰到边界。
- 老鼠没有进洞。
- AI 猫还是说"我可抓住你啦！"

好了，怎么通过前面"失败"的测试更正错误呢？让我们来看一下图 6.9 中 AI 猫和老鼠的循环结构吧。

图 6.9　AI 猫和老鼠的循环结构

仔细看看图 6.9 的结构，我们的循环终止有两个条件：

（1）碰到老鼠（或者 AI 猫）。

（2）碰到舞台边缘。

那么，当循环结束的时候，哪一种情况发生了呢？

　　要么这两个条件同时发生，要么只有其中一个发生。如果我们简单地直接说"可抓到你啦！"，但是猫碰到边界，就不对了。所以，我们需要判断一下。

那有没有可能既碰到老鼠又碰到边界呢？从位置上看，不可能！因为等 AI 猫碰到边界的时候，老鼠已经进洞口了。所以，就是两种情况而已。

对于 AI 猫来说，两种条件下需要不同处理：

- 如果碰到老鼠，说"可抓到你啦！"
- 否则（碰到边缘），说"哎，又没抓着！"

对于老鼠来说，只需要处理一种情况：

- 如果碰到边缘，就钻到洞里面（隐身啦）。

请根据上面的讨论改正刚刚程序的错误，给 AI 猫和老鼠的循环终止条件积木后面加上判断，完成图 6.10 的积木代码。注意，老鼠一开始需要显示，这样如果进洞隐藏后再运行程序仍然能够在屏幕上面显示。

现在，请再次进行下面的测试，你应该会得到所有的正确结果。这时候，我们的测试工作就算结束了。是不是有些小兴奋呢？

条件		测试结果比较					
猫的速度	老鼠速度	正确结果 1	测试 1	正确结果 2	测试 2	正确结果 3	测试 3
4	2	猫抓到老鼠	正确	猫说抓到啦	正确	老鼠被抓	正确
3	2	猫碰到边界	正确	猫说没抓到	正确	老鼠进洞	正确
4	3	猫碰到边界	正确	猫说没抓到	正确	老鼠进洞	正确
5	2	猫抓到老鼠	正确	猫说抓到啦	正确	老鼠被抓	正确

保存文件

点击文件菜单，选择你的目录（或者桌面），把代码保存成名字为"AI 猫捉老鼠 – 正确 .sb3"的程序文件。

想一想
为什么还需要进行（4，2）和（5，2）这两个条件的测试呢？不是前面已经测试过成功了吗？

这是因为我们修改了程序代码，这时候有可能原来正确的改成错误的了。所以，需要把所有的条件进行一次"全面"测试。这样，才能够确保新的程序是完整正确的。

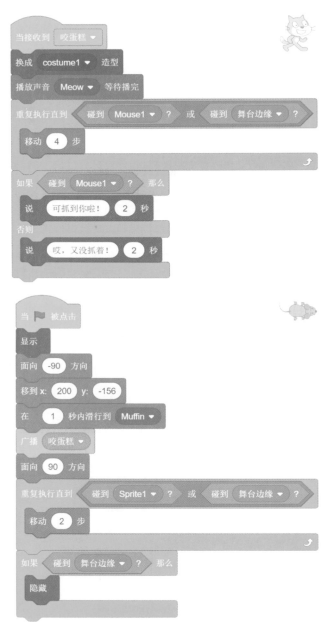

图 6.10　AI 猫捉老鼠的正确代码积木

5 项目优化

有些同学可能发现这个程序和实际情况不完全符合，也不够好玩。这个时候，我们就想：我还能做些什么？这时我们需要对项目进行"优化"。项目的优化一般是给项目增加新的功能，让项目更加丰富多彩。不然，我们的学习和工作都是冷冰冰的代码，没有创意，体验也不好，对不对？

项目的优化其实相当于项目的"附加"设计。它不是说把项目推倒重新开始一个新的，而是"添砖加瓦"。既然是设计，我们又需要"大脑风暴"了。准备好了吗？

让我们构思一下吧，我们可以想到：

- AI 猫看见老鼠后，加速奔跑，最后力擒老鼠。
- 老鼠有好几只，不停地来吃，吃了就往回跑。
- AI 猫开始睡得很香，没有醒来，老鼠多了以后才醒来。

你有没有想到其他的呢？俗话说，抛砖引玉。希望同学们多多思考，做自己喜欢的程序！

现在就请你和我一起，把我们想到的这些"优化"完成，好吗？在完成这些新任务的时候，我们将巩固前面学习的内容，并且扩充 AI 猫的技能包。

（1）AI 猫加速跑。要让 AI 猫跑得更快，我们需要一个东西来改变 AI 猫的速度。这时候我们使用什么呢？

改变的东西……这不就是个变量吗？对！让我们给 AI 猫增加一个变量叫作"速度"。把速度设为 2，开始和老鼠一样，后面我们会让它加速，直到追上老鼠。这真是让人觉得惊险刺激。

现在我们需要回答两个问题：

1）什么时候我们应该加速呢？有两种办法：一开始加速和老鼠离洞口比较近的时候加速。我们可以采用第一种办法。

2）如何加速？一般来说，可以每跑"速度"步后，把下次要跑的步数在原来的基础上增加一点。比如，把"速度"变量设为原来的速度的 1.02 倍。别小看这个 1.02 倍，不断累积下去小猫跑得就很快了。下面的表格显示了这个速度的快速上升。

循环次数	1	2	3	4	5	6	7	8	9	10
速度	2	2.04	2.08	2.12	2.17	2.21	2.25	2.30	2.34	2.39

试一试

请完成我们的新任务，让 AI 猫不断加速跑。速度的变化应该是每次移动"速度"步后更改。请在"运算"分类积木中寻找乘法 * 积木 ⬭·⬭。然后测试程序，看看小猫是不是能够抓住老鼠。完成后，请和图 6.11 中的积木进行对照。

图 6.11　AI 猫冲刺捉老鼠代码积木

哈哈，我们的 AI 猫像冲刺一般抓住了老鼠，太棒啦！

（2）多只老鼠。老鼠一般都是一窝出动。如何生成多只老鼠？我们可以不停地生成一个个老鼠角色。但是：

- 需要手动生成每个角色。
- 每个角色都需要有自己的代码。

这样岂不是很麻烦？有没有什么办法？能不能想生成多少就多少？Scratch 能不能做呢？

在"控制"分类积木区的最后，你可以找到三个积木（见图 6.12）。克隆体是什么？克隆是个科技名词，是指通过生物技术生成和原来母体完全相同基因的后代。比如，通过一只羊克隆出来另外一只羊。

图 6.12　克隆积木组

我们知道自然的新生羊和母羊虽然很像，但还是有不一样的地方。但是，克隆出来的新生羊是和母羊是完全一样的。在 Scratch 中，克隆的意思是产生和原来角色完全一样的角色。这样就不用手工去到角色库中不停地导入了。而且，想克隆多少都可以。我们怎么设计这个"克隆"呢？可以当一个老鼠咬了蛋糕后，就开始克隆一个老鼠从洞口重新出发。这样就有一串老鼠接力吃蛋糕的情景发生了。

怎么使用克隆呢？我们一般分为两步：首先，克隆自己（当前角色）。然后，克隆体启动时，加入需要的积木代码。为了简单一点，我们就让克隆体和母体的代码一样就可以了。

既然克隆体和母体的代码一样，这些代码相当于被重复使用。咦，重复使用的代码怎么样变得简洁一些呢？在第 5 章，当我们需要做好几个加法运算的时候，做了一个"自定义积木"来反复使用。现在，我们用同样的办法，定义一个"吃蛋糕"积木吧。

试一试

　　请定义一个不带任何参数的吃蛋糕积木。该积木和原来一个老鼠的动作完全相同。在广播"咬蛋糕"以后就克隆自己。然后克隆体启动后调用"吃蛋糕"自定义积木。

还记得我们在第 5 章讲的"乾坤大转移"吗？如果你按照这个操作，就会得到下面一样的积木。注意到我们把克隆的相关积木都用方框标出来了。

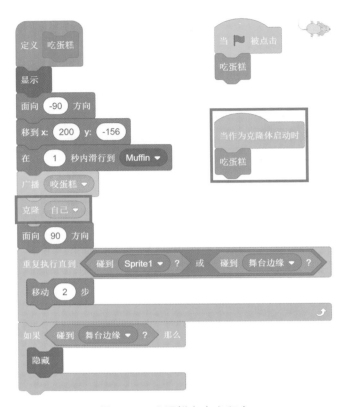

图 6.13　吃蛋糕自定义积木

　　现在小老鼠们络绎不绝，争先恐后，一个个都去轮流吃蛋糕。这个情景真是又可笑又可怕。我们的 AI 猫呢？为什么 AI 猫一停一停地往前走呢？

　　（3）AI 猫如梦方醒。如果仔细看我们刚刚完成的程序，就会发现每个克隆老鼠都会发出"吃蛋糕"的消息。每次收到消息，AI 猫都要进行重新"启动"去抓老鼠的动作，所以才会"一停一停"地往前走。其实，只要接受一次就可以了。

　　哪个老鼠来的时候 AI 猫醒来呢？我们可以让 AI 猫在第 N 个老鼠出现时醒来。老鼠一多，吱吱的声音就大，把熟睡的猫惊醒。

试一试

　　请定义一个新变量 老鼠个数 ，当老鼠咬了一口蛋糕后就增加个数。只有当老鼠的个数等于 N（可以设为 3）的时候发消息给 AI 猫。完成后请与图 6.14 中的积木进行对照。

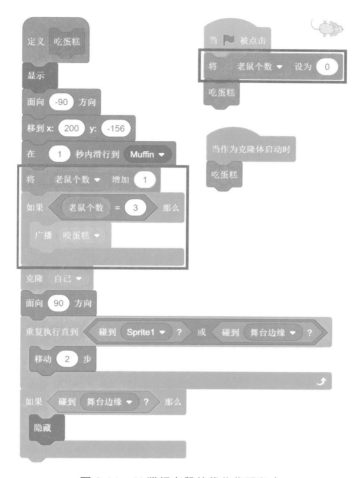

图 6.14　AI 猫捉老鼠的优化代码积木

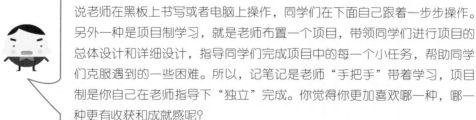

讨论：记笔记学习和项目制学习

　　我们的同学们已经上过很多课了。那么想一想老师是怎么指导同学们学习的啊？一般来说，有两种学习方法。最常见的是**记笔记学习**，也就是说老师在黑板上书写或者电脑上操作，同学们在下面自己跟着一步步操作。另外一种是项目制学习，就是老师布置一个项目，带领同学们进行项目的总体设计和详细设计，指导同学们完成项目中的每一个小任务，帮助同学们克服遇到的一些困难。所以，记笔记是老师"手把手"带着学习，项目制是你自己在老师指导下"独立"完成。你觉得你更加喜欢哪一种，哪一种更有收获和成就感呢？

保存文件

点击文件菜单，选择你的目录（或者桌面），把代码保存成名字为"AI 猫捉老鼠 – 优化 .sb3"的程序文件。

快好啦，项目优化让人非常兴奋。可是，还差那么一点点。什么地方呢？

如果你自己测试，会发现虽然 AI 猫抓住了一只老鼠，可是它并没有"吓住"其他老鼠。被克隆的小老鼠还是纷涌而至，这让我们 AI 猫很郁闷。

这个"终极优化"就留给同学们了。看看自己是不是可以顺利地完成呢？

项目测验

请同学们增加一个变量 `猫来了吗？`。程序开始时变量设为 0，当 AI 猫抓到一个老鼠的时候就发一个消息"猫来了"。当变量 `猫来了吗？` 的值为 0 的时候，小老鼠就放心吃蛋糕，当它值为 1 的时候，小老鼠就不出现了（删除本克隆体）。已经出洞口的小老鼠在收到"猫来了"消息的时候就把变量 `猫来了吗？` 改成 1，然后掉头往洞口跑。这样，所有的老鼠都回到洞口，AI 猫抓老鼠的工作就结束了。

请到本章的最后检查我们的完整程序。记住，AI 猫最后还是"放生"了抓住的老鼠。如果你想被抓的老鼠不逃走，你需要一个"被抓住了吗？"变量（仅适用于当前角色）来控制。只有没有被抓住的小老鼠才能逃走。感兴趣的话，自己试试看吧。

6 本章小结

到这里，我们已经走完了编程项目的全过程：总体设计——详细设计——素材准备——代码实施——程序测试——代码优化。用一个比较正规的说法，我们完整经历了一遍项目的各种生态。

项目生态是一个项目所经过的各个阶段，也叫"生存状态"。就像水分子一样，平时是液体，气温升高则升腾成气体，气温降到零下则凝固成坚冰。一个计算机项目一般来说经过"总体设计——详细设计——素材准备——代码实施——程序测试——代码优化" 6 个阶段。如果项目的要求有变化，还需要进行修改，那么这 6 个阶段需要重新再进行一遍。这时候项目生态的转化会循环重复进行。所以，开发和管理一个软件项目可是真的不容易。

在此过程中，AI 猫了解了以下编程知识：

- 项目。
- 程序初始化。
- 轮询。
- 消息机制。
- 条件循环。
- 程序测试。

本章小结

另外，我们还和同学们讨论了记笔记学习和项目学习的区别。

最后，为了同学们更好地进行项目设计，我们在本章最后附上了一个更加完整的空白项目设计表格供参考。我们说过，像做任何事情一样，编程序项目要做到心中有数，准备就绪，有条不紊。

你是不是觉得收获多多呢？下一章，我们要带着 AI 猫来体验真正的人工智能应用。新的大门即将打开啦。

Scratch 项目设计表

为什么做这个（感兴趣？）		
需要哪些角色？		
你了解要做的角色吗？	属性（外形，颜色，尺寸，声音等）	
	动作（事件，动作，功能）	
	环境（背景，舞台）	
	控制方法（键盘，鼠标，声音，摄像头）	
你想要完成什么场景？	几个场景	
	场景的顺序（或并行）	
	场景如何转换（事件或者侦测）	
任务分析	任务复杂吗？	
	如果复杂,能分成步骤吗？	
	需要重复一些动作吗？	
	需要并行吗？	
	需要角色交互吗？	
	需要计算吗？	
	需要记录信息吗？	
	所有任务都明确了吗？	
主要的任务清单	任务 1	
	任务 2	
	任务 3	
	任务 4	
	任务 5	
自己以前做过类似的项目吗？	如果有，能不能重用？	
	如果没有，了解方法吗？	
项目实施	效果和预期一致吗？	
	遇到了哪些困难？	
	困难是如何克服的？	
还有可能实现什么功能？	考虑可能的方法	
	值不值得尝试？	
现有程序有哪些不足？	能不能改进？方法？	
	如果不能，为什么？	
你在本项目中的收获有哪些？		

答　案

当接收到 咬蛋糕 ▾

换成 costume1 ▾ 造型

播放声音 Meow ▾ 等待播完

重复执行直到 碰到 Mouse1 ▾ ？ 或 碰到 舞台边缘 ▾ ？

移动 速度 步

将 速度 ▾ 设为 速度 * 1.02

如果 碰到 Mouse1 ▾ ？ 那么

说 可抓到你啦！ 2 秒

广播 猫来了 ▾

否则

说 哎，又没抓着！ 2 秒

当 ▶ 被点击

将 速度 ▾ 设为 2

移到 x: -200 y: -150

换成 Cat 2 ▾ 造型

当 ▶ 被点击

换成 muffin-a ▾ 造型

当接收到 咬蛋糕 ▾

换成 muffin-b ▾ 造型

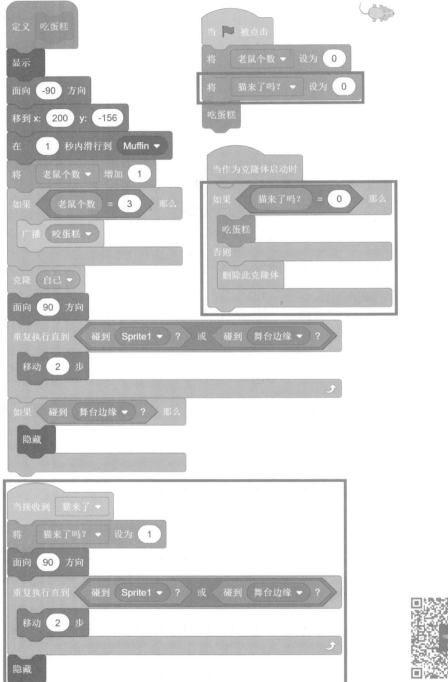

定义 吃蛋糕

显示

面向 -90 方向

移到 x: 200 y: -156

在 1 秒内滑行到 Muffin

将 老鼠个数 增加 1

如果 老鼠个数 = 3 那么

广播 咬蛋糕

克隆 自己

面向 90 方向

重复执行直到 碰到 Sprite1 ? 或 碰到 舞台边缘 ?

移动 2 步

如果 碰到 舞台边缘 ? 那么

隐藏

当 🏳 被点击

将 老鼠个数 设为 0

将 猫来了吗? 设为 0

吃蛋糕

当作为克隆体启动时

如果 猫来了吗? = 0 那么

吃蛋糕

否则

删除此克隆体

当接收到 猫来了

将 猫来了吗? 设为 1

面向 90 方向

重复执行直到 碰到 Sprite1 ? 或 碰到 舞台边缘 ?

移动 2 步

隐藏

小测验讲解

AI 猫的基本编程启蒙已经结束啦。现在它想真正开始人工智能的学习,但是它一不小心进入了迷宫。糟糕,怎么绕出来呢?

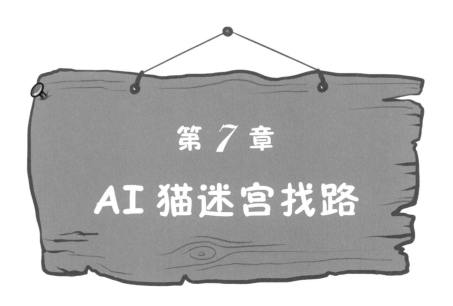

第 7 章

AI 猫迷宫找路

AI 猫整装待发，准备大干一番。它看见了一个入口就想立刻进去看个究竟。可是大事不好，越走越心慌，完全找不到怎么出来了。怎么办呢？

现在，我们就带着它"迷宫找路"吧。

① 营救 AI 猫

迷宫是一种充满复杂通道的建筑物，很难找到从其内部到达入口或从入口到达中心的道路。迷宫也常常比喻一些非常复杂和困难的问题，如科学的迷宫。迷宫有简单一些的，也有非常复杂、道路曲折的。我们的程序从简单的开始，以后会增加复杂的迷宫。

对好奇的 AI 猫来说，它是最喜欢这种问题了。但是它已经被圈在里面出不来了，我们试着"营救"一下它吧。

在上一章里面，我们讲了如何进行程序项目。迷宫找路也是一个项目，我们就来进行项目的总体设计和详细设计。这个项目并不复杂。

项目总体设计表

名称	迷宫找路
意义	AI 猫的第一个人工智能学习项目
目标	让 AI 猫掌握走迷宫的技巧
角色	AI 猫
道具	一碗奖励 AI 猫的薯条
场地	一个画好的迷宫
基本场景	AI 猫被圈在迷宫中，它需要知道怎么移动走出迷宫

项目详细设计表

你了解要做的角色吗?	基本属性（外观，颜色，尺寸，声音等）	明确
	基本动作（事件，动作，功能）	明确
	场地	明确
你想要完成什么场景?	场景的顺序（或并行）	人告诉 AI 猫怎么走
	有什么事件?	人按下键盘的上下左右键
	几个小任务?	2
	小任务 1	AI 猫根据指示移动，碰到墙壁停止
	小任务 2	AI 猫到达出口吃到薯条

那么下一步就是素材准备了。

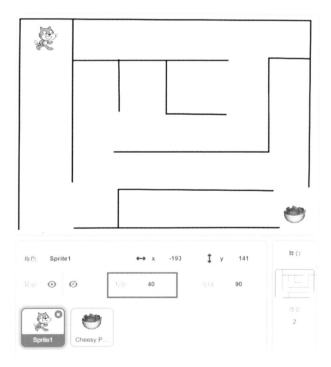

图 7.1　AI 猫迷宫素材准备

图 7.1 中"AI 猫迷宫找路"的 Scratch 素材准备工作如下：

- AI 猫可以使用项目本身的"Sprite1"，大小改成 40。
- 加入一个"Cheesy Puffs"角色，大小改成 40。
- 在背景绘制一个迷宫，颜色使用默认的黑色。
- AI 猫的位置在左上角，"Cheesy Puffs"放在出口的地方。

注意，绘制迷宫可以点击造型画笔的"直线" ✏ 图标。你可以从网上下载我们的素材程序，这样可以节省一些时间。

点击文件菜单，选择你的目录（或者桌面），把代码保存成名字为"迷宫营救 AI 猫 – 素材 .sb3"的程序文件。我们后面的程序都是在这个素材上面完成的。

下一步就是"代码编写"了。

AI 猫现在还不知道如何走出去，在这一阶段我们需要去"远程遥控"它上下左右移动。为了远程遥控，我们假定已经知道 AI 猫的准确位置和迷宫的地图。这样的例子在电影里看到过很多了。

怎样让 AI 猫接受遥控呢？

想象一下，电影里面都是通过声音指令比如"向前""向右"等。我们可以琢磨一下怎么样把这种命令交给 AI 猫。注意到我们是"用户"，不是程序中的角色，不能够通过发送"消息"来传递指令。有什么办法呢？

作为用户，我们只能够使用程序外部设备。有哪些外部设备呢？

> **编程知识：程序外部设备**（Input/Output Devices）
>
> **程序外部设备**也简称外设或者输入输出设备，它的作用是通过程序外部来和程序进行互动。就像打游戏需要一个 Wii 遥控器或者 Xbox 掌上操作板一样，凡是能够将用户指令发给程序或者从程序接收信息的物件都是外部设备。常用的标准配置的外设有键盘、鼠标、显示器、扫描仪、打印机。以前的显示屏是输出外设，只能够显示信息。自从手机、平板电脑普及后，触摸屏已经同时具有输入和输出的功能了。

在我们的程序中，有两个办法遥控 AI 猫：

（1）用鼠标把 AI 猫拖到目的地。

（2）用键盘来移动 AI 猫直到目的地。

你可能觉得用鼠标太简单了。其实，你可能玩过磁铁引珠子的游戏：有一个磁铁杆子，让迷宫板上面的珠子隔着塑料玻璃被吸着往前走。我们不妨试一下怎么实现吧。

② 形影不离

使用鼠标的办法就是让 AI 猫跟着鼠标走，但是不是被你按下鼠标拖着移动。这样我们的效果就是 AI 猫和鼠标"形影不离"。那么具体怎么实现呢？

我们知道，要让两个角色在一起，只要它们的位置一样就行了。在屏幕上，位置由两个信息来表示：X 坐标和 Y 坐标。要达到"不离"，就要"随时"改变 AI 猫的位置使得它和鼠标的位置一样。

虽然这个流程很简单，我们还是写一下，看看你想的是不是一样呢？

> 重复执行：
>
> > 移到鼠标的 X 坐标和 Y 坐标

试一试

根据以上的流程完成程序，让 AI 猫跟着鼠标移动。鼠标的 X 坐标和 Y 坐标可以在"侦测"分类积木区里找到。完成后和图 7.2 进行对照。

图 7.2　AI 猫跟随鼠标代码积木

如果你很小心，那么 AI 猫会跟着你的鼠标一点点沿着迷宫里面的路到达薯条的位置。可是，如果你鼠标不熟练，或者你随便移动鼠标，这时候令人惊奇的事情发生了。

AI 猫能够穿墙！哇，这太不可思议了。

明明思路是正确的，程序逻辑也没有问题，可以怎么会这样呢？

编程知识：程序执行例外（Exception）

　　程序执行例外是指程序能够正确地执行"正常"的操作，但是如果输入的操作不正常就会出现错误。因为这个错误不是每次都出现，我们称它为"例外"。当程序和输入外设交互的时候，用户可能由于各种原因对程序代码进行了"意想不到"的操作。这时候，由于程序没有考虑到这种情况，就会出现例外错误。在我们前面的例子中，我们没有考虑到用户可能把鼠标拖到墙的另外一边，所以就出现 AI 猫穿墙的"绝技"。在程序设计中，我们常常需要考虑用户可能输入哪些可能导致程序执行出错的情形，然后根据这些优化和修改我们的逻辑流程。

为了防止 AI 猫穿墙，我们需要判断 AI 猫在跟随鼠标的过程中有没有碰到墙，如果碰到就停下来。这样 AI 猫就不能"一下子"移动到鼠标的位置。它得朝着鼠标的位置一步步走过去，这样子才有机会判断有没有碰到墙，不是吗？

好了，我们重新设计我们的流程如下：

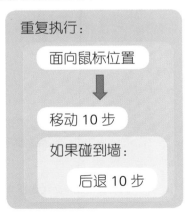

重复执行：

面向鼠标位置

↓

移动 10 步

如果碰到墙：

后退 10 步

怎么判断碰到墙呢？这个墙是我们在背景画出来的。记得前面我们让大家用默认的黑色，其实什么颜色都可以，但是你得记住墙的颜色。为什么呢？

请点击"侦测"分类积木区。第二个积木是 <碰到颜色 ( ) ?>，它像不像 AI 猫的眼睛，可以辨识碰到物体或者角色的颜色？

点击积木上面的黑色会弹出一个下拉框，上面有三个颜色条。每个颜色条上方是它的名字和数值。鼠标按下并拉动颜色条的白色圆圈就可以改变上面的数值。

在第 1 章我们讲过，这三个颜色条分别代表了颜色、饱和度和亮度。改变它们的值就能得到不同的色调。对同学们来说，关键是要确保判断时颜色是一样的。

如果你用别的颜色绘制迷宫墙，你得记住这三个数值。对于黑色，我们可以看到是（0，100，0）。

好了，我们可以完成前面的流程图，如图 7.4 所示。

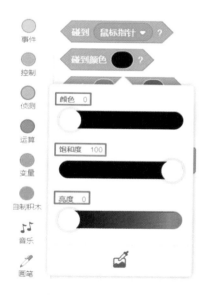

图 7.3　Scratch 颜色

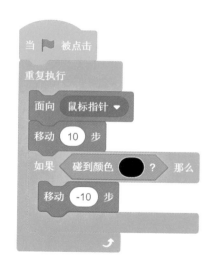

图 7.4　AI 猫碰墙停下代码积木

棒极了！小猫可以跟着鼠标走，而且碰到墙就会停下来。但是有什么问题？

如果你多玩一会儿，会发现两个不理想的地方：

（1）向左走的时候小猫倒过来了（不一定所有人都会遇到）。

（2）即使鼠标不动，小猫也在不停"闪"。

如果你的 AI 猫倒着走，你只要在"运动"分类积木区的最后找到 `将旋转方式设为 左右翻转 ▼`，确保是左右翻转，然后点击这个积木就可以啦。记着，不需要拖动这个积木，点击就好了。

现在来看 AI 猫"闪"的问题。我们知道"闪"就是"原地"不停地移动。为什么会这样呢？因为 AI 猫不停地朝着鼠标的方向走 10 步。如果鼠标不动，它就走过了，就会赶紧再回来。这样子来来回回。如果想更加清晰地看到这个效果，只需要在重复执行里面的最下面加上一个 `等待 1 秒` 就可以了。小猫是不是在不停地来回左右转身呢？

怎么办？你想，要让 AI 猫不走过鼠标位置，它们之间的距离应该至少是多少呢？

因为 AI 猫每次走 10 步，那么距离大于 10 步的时候 AI 猫就不会走过，对吗？那么怎么知道距离呢？在什么分类积木可能找到计算两个角色之间的距离呢？

侦测！你可能想。恭喜你答对啦！！！

试一试

修改前面的程序，让 AI 猫只有在和鼠标距离 10 步以上才移动。使用"侦测"分类积木区的 `到 鼠标指针 ▼ 的距离` 来获得 AI 猫到鼠标的距离。完成后和图 7.5 中的积木对照。

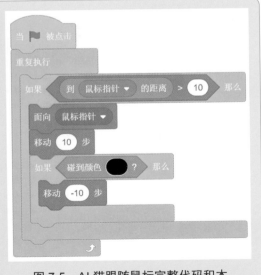

图 7.5　AI 猫跟随鼠标完整代码积木

这样我们用鼠标来"引导"AI 猫走出迷宫的程序就完成了。现在 AI 猫正在高兴地享受美味呢。

保存文件

点击文件菜单，选择你的目录（或者桌面），把代码保存成名字为"迷宫营救 AI 猫 – 如影相随 .sb3"的程序文件。

③ 远程遥控

虽然用鼠标很好玩，但是如果我们只能给 AI 猫前后左右的指令该怎么做呢？显然，鼠标本身只能够移动或者点击，并不能进行很多不同的操作。可不可以换一个外部设备呢？

如果你注意到键盘，你可能会想到按下不同的键可以让 AI 猫获取不同的指令。哪些键最方便 AI 猫理解指令呢？

请来到"事件"分类积木区，找到积木 当按下 空格 ▼ 键 ，然后点击"空格"右边的倒三角形箭头。这时会下来一个选择框。你会看到↑↓→←四个键。这些键对于键盘里面的四个键。当按下这些键时，你可以加入一些积木来让 AI 猫进行相应的移动。

比如，如果按下的是↑，我们让 AI 猫面向↑，也就是 0 度方向。然后移动 10 步。如果遇到墙，就往回移动 10 步。根据这个思路，我们可以把↓→←的积木都做出来。就是这么简单！

试一试

打开"迷宫营救 AI 猫 - 素材 .sb3"。对 AI 猫角色加入一个 当按下 ↑ ▼ 键 的事件积木，让 AI 猫面向↑，也就是 0 度方向。然后移动 10 步。如果遇到墙，就往回移动 10 步。

这个积木非常简单［见图 7.6（a）］。但是我们还想做其他三个方向的按键事件积木。你可以一个个去从积木区拖拽积木进来。但是有一个更加简单的方法：复制！把鼠标放在最上面的一个积木［见图 7.6（b）］，选择复制，就会出来一个一模一样的积木。

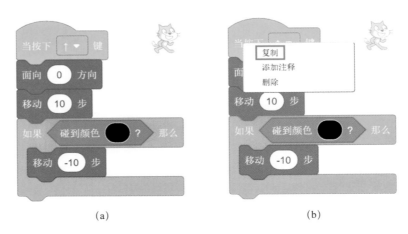

(a)   (b)

图 7.6　AI 猫键盘控制积木复制

现在把里面的"键"和"面向方向"修改一下就好了（见图 7.7）。我们在第 4 章讲到了"代码重用"，是不是很方便呢？

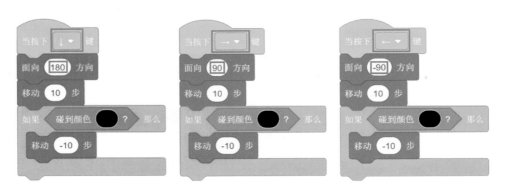

图 7.7　AI 猫多方向键盘控制的代码积木

好了，现在试一试程序。有没有发现控制起来比鼠标更加精确，按键也更加快速！

点击文件菜单，选择你的目录（或者桌面），把代码保存成名字为"迷宫营救 AI 猫 – 远程遥控 .sb3"的程序文件。

④ 自谋出路

被营救出来的 AI 猫吃饱了，但是它觉得不开心。为什么呢？它一直想自己在迷宫里面自如地行进。能不能够靠自己走出迷宫呢？

这个时候，我们就不能指示它方向了。AI 猫自己走出这个复杂的迷宫显然不是一个简单的循环。我们得教给 AI 猫一些小诀窍。在第 5 章里，我们提到了计算机算法，比如二分搜索。

所以这里让 AI 猫学会并执行一种超强的"算法"，保证它总能够走出迷宫。

这个算法是什么呢？让我们一起思考一下。

迷宫为什么"迷"？就是因为我们经常走重复的路。如果你看看我们的迷宫，其实里面的通道只有那么几条。如果我们每次都走不同的路，那么你肯定会"最终"来到出口，不是吗？

当然，有的迷宫非常复杂，好多通道看起来完全一样，时间一长人就容易迷惑，开始在一些地方重复转来转去。和对着迷宫地图的一目了然相比，在迷宫内部走路就是我们常说的"身在其中看不透"，没有办法跳出问题来看问题。哈哈，这里面还需要一些智慧呢。

所以 AI 猫必须具备三个素质：

（1）聪明：知道走出迷宫的方法。
（2）细致：注意执行方法的细节是正确的。
（3）信念：坚信认真走下去，无论多复杂的迷宫都能到达出口。

如何保证 AI 猫不会重复转来转去呢？在我们 AI 猫画正方形的时候，我们是用了四次"走——右转"来完成一圈。如果这个正方形有出口的话，我们肯定会到达出口，因为每次走的路是完全不同的边。对不对？

如果方向换成左转，走的边也不会重复，只是正方形的位置不同罢了。

那么如果你一会儿左转一会儿右转会怎么样呢？肯定就乱了。

好了，我们有了一个重大发现：只要坚持沿着墙走，遇到角落向同一个方向转（左转或者右转），我们肯定不会走重复，那么"最终"一定可以遇到出口的。这个我们叫迷宫找路的"左手法则"或者"右手法则"，也叫"摸墙算法"。

因为左转和右转是完全一样的，我们先做"右手法则"吧。

一下子开始代码我们还有些不知道如何下手呢。我们整理一下思路，需要想清楚两个问题：

（1）怎么知道出了迷宫？注意到我们的迷宫有两个出口，要么碰到薯条，要么遇到舞台边缘，都算是出来了。

（2）什么时候右转？这个有些复杂，我们需要仔细想一下。

让我们来看一下图 7.8 中的六种情况：

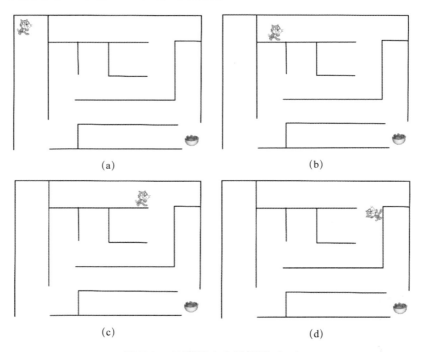

(a)　　　　　　　　　　　　(b)

(c)　　　　　　　　　　　　(d)

图 7.8　AI 猫迷宫六种情形（一）

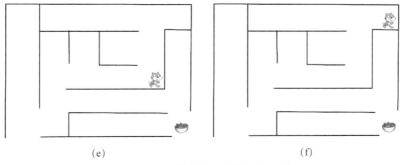

(e)　　　　　　　　　　　　　　　(f)

图 7.8　AI 猫迷宫六种情形（二）

（a）AI 猫在通道中间，需要找到一个墙；

（b）AI 猫需要沿着墙继续前进；

（c）AI 猫来到一个"大转弯"路口，应该右转三次然后沿着背面的墙靠右
　　　手走；

（d）AI 猫来到一个"小转弯"拐角，前方为空地，应该向右转然后沿着墙
　　　靠右手走；

（e）AI 猫来到一个"小转弯"拐角，前锋为墙，应该右转三次然后沿着侧
　　　面墙靠右手走；

（f）AI 猫来到死胡同，应该右转三次然后沿着侧面墙靠右手走，死胡同其
　　　实就是连走两个（e）的"小转弯"拐角。

　　是不是觉得蛮复杂？在编程中，我们常常要分析一个问题有多少种不同的
情形，然后看看用相同的还是不同的方法来处理。这第 6 章，我们也曾经针对
AI 猫和老鼠的速度不同分析了三种情形。

编程知识：**基于情形的编程**（Scenario-based Programming）

　　基于情形的编程是一种常见的编程思路，特别是当执行过程不断发生
变化的时候。对于复杂的问题，基于情形的编程思想是关键的第一步。它
有助于我们对问题有一个完整的理解，然后确保逻辑上考虑所有可能的变
化。一个情形代表了一种不同的执行条件和环境。在我们迷宫的例子中，
根据 AI 猫前进中经过的位置的地形不同，我们找出了六种情形并设计了解
决的思路。不同的情形可能用不同的方法，也可能用同一种方法来解决。

虽然我们有了思路，我们现在还不明确两件事：

（1）"靠右手走"怎么实现？

（2）"大转弯"和"小转弯"的路口或者拐角怎么判断？

这两个问题其实源于一个问题：怎么确定 AI 猫的左右手？不知道这个，我们后面也做不了"左手法则"了，对不对？

可是 AI 猫现在的造型是看不出左右侧的。我们需要在造型上花点功夫！

还记得猫捉老鼠里面有一个趴着的造型吗？我们把这个造型进行一个改造吧。为了方便起见，我们在 AI 猫的左右两侧分别绘制一个长方形，颜色要不一样。这样才能区分是靠左手还是右手一侧。蓝色和绿色的（颜色、饱和度和亮度）数值分别是（70，80，100）和（40，80，100）。然后，我们把 AI 猫的尺寸稍微缩小一点，变成 30。最终的造型效果见图 7.9。

另外，迷宫的墙如果太薄，很难正好判断左右手碰到墙，有可能一下就位置错开了。请来到舞台背景造型区，点击左侧的选择箭头图标，然后用鼠标点击墙的直线段，再在上方输入 30 作为线段的宽度。这样，我们就准备好新的素材了（见图 7.10）。如果你觉得不方便，可以下载"迷宫营救 AI 猫 – 素材 2.sb3"。

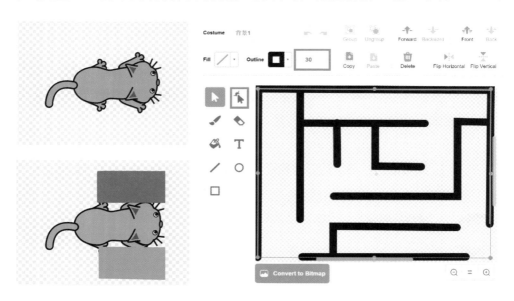

图 7.9　AI 猫迷宫造型设计　　　　　图 7.10　AI 猫迷宫新背景

我们再来看看能不能用新造型判断这几中情形：

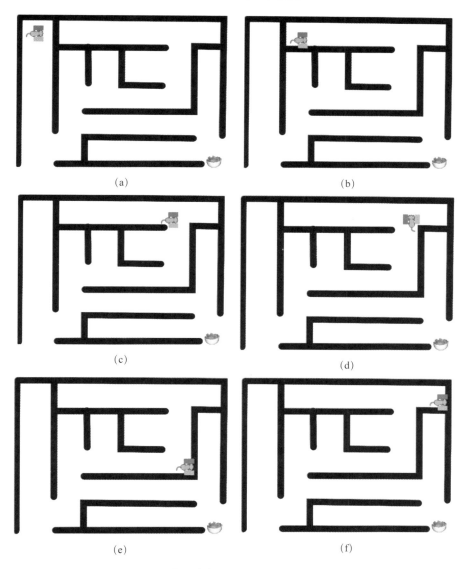

图 7.11　AI 猫迷宫新背景和新造型下的六种情形

现在让我们再看看前面没有办法确定的两个问题：

（1）"靠右手走"怎么实现？这个好办，在情形（b）中，当"只有右手的
　　　绿色方块碰到墙"时，AI 猫应该前进。

（2）"大转弯"和"小转弯"的路口或者拐角怎么判断？在情形（c）和（d）中，右手绿色方块已经和墙没有接触了。要想摸着墙，必须右转。在情形（e）和（f）中，左手紫色方块和右手绿色方块都碰到了墙，这个时候左转就可以了。

总结一下我们的思路：

（1）对应（a），如果没有碰到墙，就先靠墙。

（2）对应（b），如果只有右手的绿色方块碰到墙，继续前进。

（3）对应（c）和（d），如果右手的绿色方块没有碰到墙，右转 90 度。

图 7.12 显示了这种情况下 AI 猫的运动位置。在 AI 猫右转后，右手绿色方块又接触到了墙边，它继续前进，直到重新离开墙边，这时候再右转，右手绿色方块就又接触到墙啦！

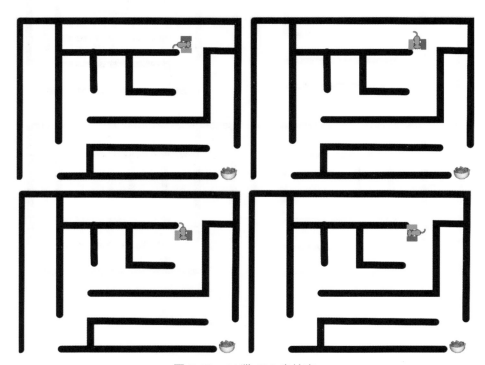

图 7.12　AI 猫 180 度转弯

（4）对应（e）和（f），如果左手紫色方块碰到墙，左转 90 度。

这样，我们的逻辑就考虑完整了。现在我们可以把流程步骤列出来了：

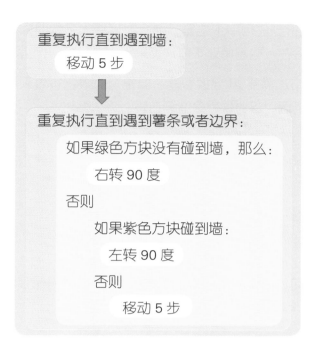

重复执行直到遇到墙：

　　移动 5 步

重复执行直到遇到薯条或者边界：

　　如果绿色方块没有碰到墙，那么：

　　　　右转 90 度

　　否则

　　　　如果紫色方块碰到墙：

　　　　左转 90 度

　　　　否则

　　　　　　移动 5 步

试一试

　　完成上面的流程步骤来进行 AI 猫的 "右手法则" 算法。"绿色方块没有碰到墙" 可以使用 "绿色方块碰到墙" 不成立积木来完成。

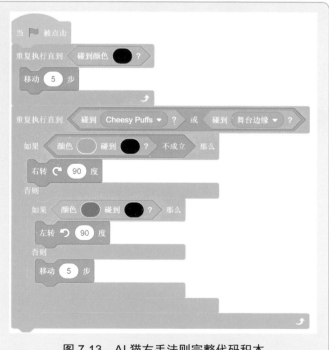

图 7.13　AI 猫右手法则完整代码积木

现在把 AI 猫拖到任何一个位置，你会发现绝大多数时间它都能顺利完成任务。偶尔，它会在一些拐角处不停地转来转去，这是为什么呢？

因为我们的方法需要 AI 猫挨着墙。但是有时候它转过来的时候右手的绿色方块并没有碰到墙，这时候就会继续右转。怎么办呢？

右手的绿色方块从"碰到墙"移动到"没有碰到墙"的位置，然后再转就碰不到墙了，说明什么？ AI 猫走得太快啦！我们说，在迷宫一定要耐心，一步一步走。

把程序末尾的"移动 5 步"改成"移动 4 步"或者"移动 3 步"，问题就解决了。

保存文件

点击文件菜单，选择你的目录（或者桌面），把代码保存成名字为"迷宫营救 AI 猫 – 右手法则 .sb3"的程序文件。

⑤ 左手法则

"右手法则"完成了。怎么做"左手法则"。我们知道，左手法则的意思就是摸着墙顺着左手边走。那么原来右转变成左转，原来左转变成右转，就可以了。另外，原来是右手绿色方块挨着墙走，现在要改成左手紫色方块挨着墙走。

如果你觉得不好理解，请列出左手法则的六种情形和我们右手法则对照一下。

我们来把流程步骤修改一下：

重复执行直到遇到墙：

移动 5 步

重复执行直到遇到薯条或者边界

如果紫色方块没有碰到墙，那么：

左转 90 度

否则

如果绿色方块碰到墙

右转 90 度

否则

移动 3 步

我们把修改的地方用红色标记出来了，请仔细想一想为什么我们需要进行这些修改。

对有些同学们来说，当流程步骤比较复杂的时候，感觉理解起来不太直观。其实复杂的原因是我们现在有一个"嵌套分支结构"，或者"多分支结构"。当紫色方块碰到墙，还有两种情况：①绿色方块碰到墙；②绿色方块没有碰到墙。

所以，上面的否则下面包含了另外一个"如果……，那么……否则……。这时候，总共就是三种情形，或者说，三种位置状态。

编程知识：多分支结构（Multi-branch Structure）

　　多分支结构是一种判断多个不同的条件状态所使用的程序结构。不同于**单分支结构**或者**双分支结构**，多分支结构的条件判断有三个或者以上。多分支结构用于设计复杂问题的解决方案。在 Scratch 中，多分支结构用"嵌套分支结构"来实现，也就是一个分支结构的内部是另外一个分支结构，用于不停地判断不同的条件状态或者情形。在我们左手法则的例子里，如果紫色方块碰到了墙，我们还需要判断绿色方块有没有碰到墙。

有没有办法来直观地理解这个流程步骤呢?

有!大家可能已经听说过"思维导图"。我们也有一个类似于思维导图的东西,叫"程序流程图"。我们来看看我们左手法则的程序流程图的样子吧。

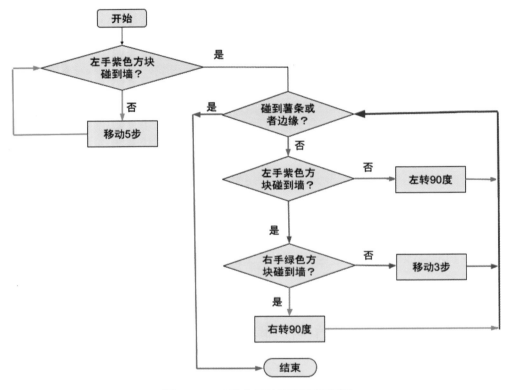

图 7.14　AI 猫左手法则程序流程图

这个流程图是不是更加一目了然呢?为了帮助同学们理解,我们特意把四种不同的执行路径用不同的颜色标了出来。蓝色的线段指向了程序的结束。

编程知识:程序流程图(Program Flow Chart)

　　程序流程图也叫程序框图,是用统一的符号图形来表示程序的流程步骤。程序的各个逻辑部分用不同的符号框图表示并连接。顺着连接箭头就可以直观地理解程序的各个分支或者循环的执行。程序流程图常常用于复杂的项目设计。通过阅读和检查程序流程图可以发现项目设计中的一些错误或者需要改进的地方。

有些同学可能好奇流程图里面的符号标识。下面的表格总结了一下常用的几种标志。

流程图标识	含　义
	程序的开始
	程序的结束
	程序的执行单个指令，对应 Scratch 的一个积木
	程序的判断，对应于分支结构判断条件或者重复执行的终止条件

好了，现在对照我们的左手法则的最后程序（见图 7.15）检查。注意确保积木中的颜色匹配 AI 猫的左右手的方块的颜色。

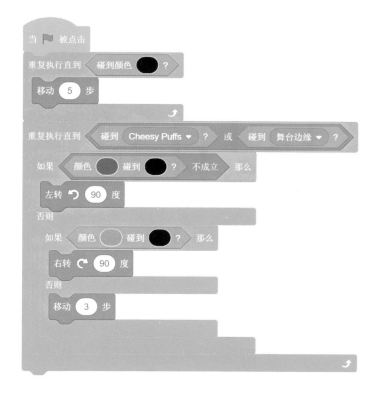

图 7.15　AI 猫左手法则的完整代码积木

💾 保存文件

点击文件菜单，选择你的目录（或者桌面），把代码保存成名字为"迷宫营救 AI 猫 – 左手法则 .sb3"的程序文件。

⑥ 迷宫寻宝

AI 猫已经能够自如地进入迷宫了。但是如果迷宫里面有东西，它是不是就能找到呢？我们得试一下。现在请打开左手法则的程序，把薯条放在中间（见图 7.16）并把 AI 猫放在上面的位置。看看能不能找到？

很遗憾，这一次，AI 猫无功而返。有点小挫折啊！

AI 猫不甘心，就打开了右手法则程序。靠左边找不到，那么靠右边呢？你也赶快试一下！

咦，找到啦！

可是，如果这个时候你把薯条挪个位置，比如图 7.17 这样，能找到吗？

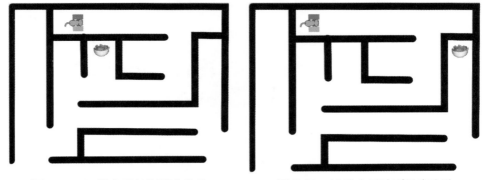

图 7.16 AI 猫左手法则寻宝失败　　　　图 7.17 AI 猫右手法则寻宝失败

哎，又不行了。但是这个薯条的位置用左手法则程序可以吗？试试看就会发现，真的可以呢。

"左手法则不行，右手法则行；右手法则不行，左手法则行"，AI 猫在大脑里面不停地来回琢磨这个有趣的现象。咦，有办法了：**能不能把左右手法则放在一个程序，当左手法则失败的时候，自动采用右手法则**，这样不就解决了吗？

AI 猫想赶快行动，但是它已经开始不着急编程了。它想验证一下自己的想法对不对。

你需要加入的积木就是图 7.18 里面的几条，放在程序的最开始。现在运行程序，你会有重大发现！

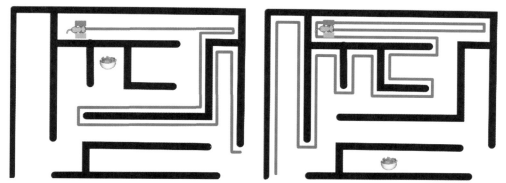

图 7.18　AI 猫左手法则和右手法则寻宝路线图

发现 AI 猫从一个起点出发，实际上只能走完一段"连接"的通道。对不对？当薯条放在最下面的死胡同里面的时候，左手法则和右手法则都不会经过这里。

这个时候，我们得设法让 AI 猫从左下角的入口出发沿着不同的角度（向上和向右）出发，这样就能够摸到所有的墙。

好了，现在可以完成我们的代码了。

在左下角的入口处，我们要么向上，要么向右进入迷宫的不同区域。那么，向上"左手法则"和"右手法则"各执行一次，向右"左手法则"和"右手法则"各执行一次。那么"左手法则"和"右手法则"分别执行两次。对吗？

另外，如果你把这四次的积木块垒起来，就会发现程序实在太长了。差不多现在程序长度的 4 倍！

有没有办法简化程序呢？

自定义积木！如果你想起来我们做多次两个数相加时用了自定义积木。现在我们可以用同样的办法。我们需要两个自定义积木："左手法则"和"右手法则"。那么参数是什么？

我们知道，参数就是执行自定义积木时可能变化的信息。在这里，就是起始的"面向方向"。

想一想

在不知道薯条在哪里的情况下，我们需要使用多少次"左手法则"和"右手法则"？

试一试

定义两个自定义积木："左手法则"和"右手法则"，用起始的"面向方向"作为参数。

图 7.19 是这两个自定义积木的程序代码。除了少许改动，其余都和我们以前完成的一模一样。请注意检查我们的改动：

- 第一个积木是移动到迷宫的左下入口位置。

- 第二个积木是面向指定的方向，这样能够顺着不同区域的墙来走。
- 最后一个判断语句是当循环结束并且碰到薯条的时候，搜索成功，程序就终止了。

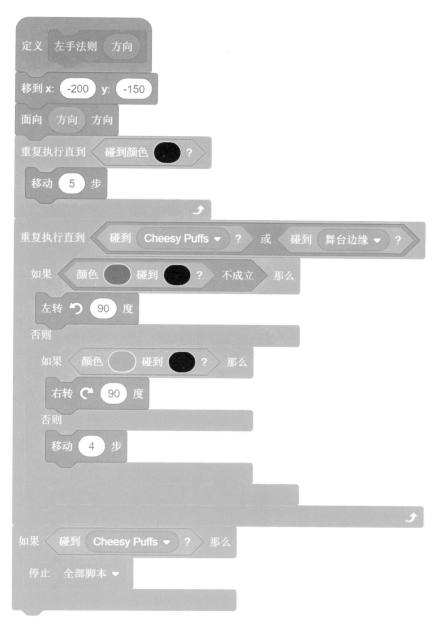

图 7.19　AI 猫左手法则和右手法则寻宝自定义积木（一）

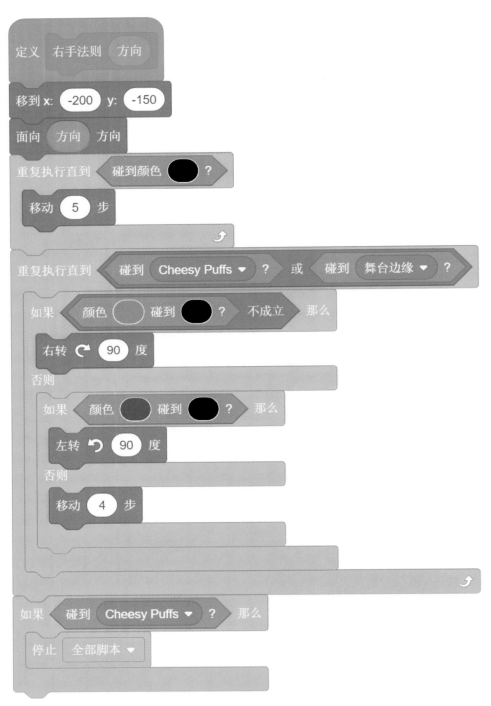

图 7.19　AI 猫左手法则和右手法则寻宝自定义积木（二）

如果对自定义积木感到生疏，请回到第 5 章，"AI 猫学数学"，了解自定义积木的"乾坤大转移"。

最后就是使用这两个自定义积木来完成任务了。这个是一个非常简单的事情：就是顺着向上的方向左右手法则各来一次，顺着向右的左右手法则各来一次。

是不是很像我们的两个数相加的自定义积木使用呢？一旦你会使用自定义积木，即使对于复杂的问题，你的程序也不一定要那么长。

现在试着把薯条放在任何位置，看看 AI 猫是不是都能找到呢？太厉害了！

让我们为 AI 猫鼓舞欢呼吧。

💾 保存文件

点击文件菜单，选择你的目录（或者桌面），把代码保存成名字为"迷宫营救 AI 猫 – 迷宫寻宝 .sb3"的程序文件。

⑦ 本章小结

到这里，我们已经体验了一个非常有趣的人工智能应用：走迷宫。

有没有发现，走迷宫的方法可真多呢。开始，我们是用鼠标引领和键盘指令帮助 AI 猫走出迷宫。然后，AI 猫自己学习右手和左手法则自如地进出迷宫。最后，我们的 AI 猫创造性地把左右手法则结合起来，反复从多个起始面向方向使用这两个方法，确保每次都能准确找到薯条。

在此过程中，AI 猫了解了以下编程知识：

- 程序外部设备。
- 程序执行例外。
- 基于情形的编程。
- 多分支结构。
- 程序流程图。

本章小结

很多同学虽然很喜欢人工智能应用，但是也有很多地困惑：

- 人工智能应用有什么特点？
- 还有哪些有趣的人工智能问题？
- 人工智能问题解决方法有什么共性？
- 小学生如何学习人工智能？

在下一章，我们将进行细致的总结。期待你的继续学习！

AI 猫已经实现了一个完整的人工智能应用，它已经深深地喜欢上了人工智能。还有哪些内容，怎么样更好地学习呢？

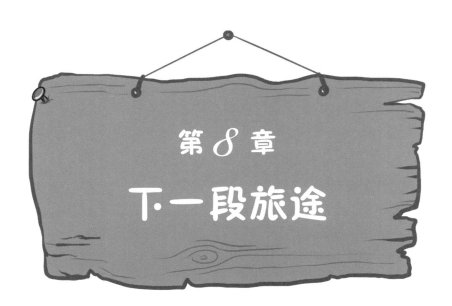

第 8 章

下一段旅途

经过了前几章的启蒙，我们的 AI 猫已经是一个训练有素的初级"编程小能手"了。它迫切想要进入下一段征途。但是，欲速则不达。我们先回顾一下，休整一下，憧憬一下，再出发吧。

① 人工智能应用的特点

在了解有哪些人工智能应用之前，我们要了解一下人工智能应用的特点。人工智能的主要目的就是要机器、软件拥有像人一样的"智力"，包括理解问题、判断、动作等。

我们总结下来，人工智能应用基本上有三大特点：

（1）**信息收集智能化**。原来很多需要人工收集或者感知的信息都可以通过信息技术来自动完成。在更加复杂的人工智能工业应用中，我们会看到各种各样的传感器，它们能够通过无线通信技术将很多信息实时采集，完全不需要人的参与。

这些例子包括无人车，智能电力系统和无人商店等。很多小朋友玩的乐高机器人上面也有各种各样的声音、红外、触碰和超音速等传感器。这些传感器就像我们人的五官和皮肤一样，提供了大量的信息给我们的人工智能程序，辅助它更好地工作。在我们的迷宫程序中，我们给 AI 猫的左手侧和右手侧用了不同的颜色方块来感知哪边碰到墙或者离开墙，这个思想也来自对传感器的理解和认识。

（2）**完成任务自动化**。人工智能程序应该尽可能地自己完成所有任务的关键环节。比如在迷宫程序中，AI 猫可以依靠自己走出迷宫而不需要人的引领或者指令。当一次搜索不成功时，它甚至可以自己不断地回到同一个入口不断地改变方法（左手法则或者右手法则）和初始面向方向（向上或者向右），以保证自己可以走过所有的通道。

人工智能应用中很大的一部分是机器人。现在的很多工厂如汽车厂和电子产品组装车间里面机器人已经是绝对的主力。从搬运笨重的物体到精细的操作，机器人都越来越得心应手。除了这些传统的工业机器人，无人硬件也很有趣。

这里面的佼佼者是无人机和无人车。想象一下你的照相机可以像一个无人机在天上飞，你的包裹是无人机直接送到家里，通过手机应用你可以提前预订一个无人出租车带你去机场。哇，太棒了！

（3）**解决问题拟人化**。经过几十年的发展，人工智能程序已经不再以代替简单重复劳动为主要目标。很多人类擅长的活动，人工智能程序都已经显示出了极大的潜力。在很多人看来，我们的人工智能其实是"超人智能"。比如在国际象棋和围棋对弈中，人工智能已经能够完全战胜人类最优秀的棋手，足以证明它的优势。

这种"拟人化"是如何产生的呢？我们知道，计算机和人的一大绝对优势就是它不断飞速发展的处理速度。近些年来各种互联网、手机和传感器采集的大量数据（也称大数据）被计算机系统进行快速处理，然后应用最新的机器学习算法，特别是深度学习算法，计算机系统就成为超强的人工智能系统。

现在人工智能的语音客服能够以假乱真，识别图片比人类要准确，它还能够诊断癌症！

② 有趣的人工智能应用

我们前面提到了很多炫酷的人工智能应用，你可能已经等不及想要开始学习了。可是，要知道人工智能不是一朝一夕发展起来的，学习也需要循序渐进。在本系列书的第二部 Scratch 篇中，我们将带领同学们去领略一下很多有趣的应用：

- **机器人博物馆——设计智能应用**：我们将设计一系列的机器人应用，如自动修改选择题，怀特特工和找零钱机器人等。

  这些机器人应用能够让同学们理解人工智能中如何建立一些比较简单的规则来指导程序自动完成一些相对重复性较强的任务。

- **再闯迷宫——AI 算法学习**：我们将带领同学们再闯迷宫，实现更加强大的功能，包括狭窄通道找路、标记找路和死胡同退出等。

在这一部分，我们将学习一个核心的计算思维的思想——递归，以及回溯和最短路径算法。我们将使用列表来辅助我们的算法，使它更加高效。

- **珍珑峡谷——AI 三联棋对弈**：我们将以三联棋这个小朋友们喜爱的智力游戏为载体，完成棋牌对弈问题中的各个环节，包括落子实现、循环对弈、输赢判定、阻止对手和占尽先机。

  我们会帮助同学们建立策略训练的思想，如何在巨大的对弈可能性中选择最佳的路径。

- **群山之巅——机器学习更强大**：我们将带领同学们进行几个有趣的机器学习应用，包括文字理解、语音识别和手写识别。

  我们将让同学们理解机器学习的核心思想，即"数据准备——模型训练——数据测试"。这样为同学们进行下一阶段 Python 的机器学习打下更好的基础。

③ 计算思维的重要性

相信经过我们这本书的学习，无论家长还是同学都已经发现，人工智能应用的核心在于掌握编程的核心思想和方法。

那么编程的核心思想是什么呢？计算思维！

在本书中，我们给同学们及时引入了很多计算思维的概念和方法。计算思维和我们熟知的数学思维有很大区别。这些区别，如果不能够认真领会，你会陷入一种遇到问题不知如何下手的困境。而且计算思维常常需要项目制的学习，在项目的设计和实现中一步步地应用。

下面，我想结合我们具体的例子，和同学们探讨一下计算思维的一些具体的特点。这样你就可以不断去体会怎么样自如地应用计算思维。

同学们有没有发现我们计算思维解决的问题有下面的特点？

- 除非需要数学计算，否则没有具体的公式去套用。我们绝大多数问题，比如 AI 猫捉老鼠和迷宫找路，完全没有涉及具体的数学计算。即使是 AI 猫学习数学，也都是最简单的加 1 减 1 操作。如果我们依赖公式，这些问题都没有办法解决，是不是？

- 不需要提前储备大量的基础知识（如算术、代数、几何、函数等）才能完成程序代码。计算思维无论解决简单的 AI 猫直线找薯条，还是迷宫中搜索薯条，使用的都是基本的程序结构，如变量、循环、分支结构等，完全没有知识储备的要求。同学们真正需要的是对于解决问题的思路的融会贯通。就像练拳一样，万变不离其宗。多少种套路，都是基本动作的组合而已。如何组合是关键。

- 解决方案是在具体情形的分析上来提出并且完善的。很多时候，对于一个具体问题，我们开始只是一个非常模糊的想法，并不知道具体有哪些任务。这个时候，需要我们想一想，程序执行应该是什么样的，有哪些可能情况或者情形。比如 AI 猫捉老鼠，可能捉到，也可能没有抓住。在迷宫找路的时候，AI 猫会遇到六种位置需要判断如何处理。通过对这些情形的分析，我们可以明确需要解决的具体任务。

- 问题本身可能不复杂，但是有很多异常情况需要处理。即使我们的程序逻辑正确，我们也不能保证程序在任何时候都能够执行正确。正在从迷宫营救 AI 猫的时候，用户可能鼠标拉过墙，使得 AI 猫有了穿墙绝技。这种执行例外需要编程的时候考虑用户可能的"不合理"的操作。在计算思维的应用中，我们要完善我们的程序逻辑来处理这些例外情况。

计算思维的一般解决思路是：

- 分析问题的可能情形。
- 定义需要的数据如变量和列表。
- 明确需要完成的任务或者过程。
- 使用合适的逻辑结构，如循环和分支结构，以及相应的条件。
- 如果一个过程重复多次，使用自定义积木。
- 测试程序，验证执行结果是否正确。
- 如果程序有错误，修改代码直到所有的测试完全通过。

这个思路笼统但实际上很具体，既可以简单又可能相当复杂，既是一种确定的过程又需要考虑各种变化。所以计算思维对于很多人来说是全新的。如果你了解更多，就会明白计算思维实际上就是一种创造性的思维。或者说，精通计算思维的人思维方式更加灵活多变，更加容易富有创造力。而创造力，正是小朋友将来最需要的核心竞争力。

④ 小学生如何学习人工智能？

前面提到，人工智能不是一朝一夕走到现在的程度。学习人工智能需要同学们：

- 打下扎实的计算思维的基础。
- 了解人工智能应用的特点。
- 掌握人工智能问题的解决思路。

对于解决思路，我们将带领同学们由浅入深、循序渐进。我们将把握"自动化规则——智能算法——机器学习"这个大线索。相信同学们一定会达到预期的收获，取得圆满的学习成果。

最后，再次感谢同学们对本书的认真学习。我们的内容对同学们来说既是启蒙，也是强基，更是精进。期待我们在 Scratch 篇再次相聚！

本章小结